崧燁文化

曹永忠、郭晉魁、吳佳駿
許智誠、蔡英德　著

Arduino程式設計
教學(技巧篇)

Arduino Programming (Writing Style & Skills)

關 於 作 者

曹永忠
Yung-Chung Tsao

國立中央大學資訊管理學系博士，目前在國立暨南國際大學電機工程學系與國立高雄科技大學商務資訊應用系兼任助理教授與自由作家，專注於軟體工程、軟體開發與設計、物件導向程式設計、物聯網系統開發、Arduino 開發、嵌入式系統開發。長期投入資訊系統設計與開發、企業應用系統開發、軟體工程、物聯網系統開發、軟硬體技術整合等領域，並持續發表作品及相關專業著作。

Email:prgbruce@gmail.com
Line ID：dr.brucetsao WeChat：dr_brucetsao
作者網站：https://www.cs.pu.edu.tw/~yctsao/myprofile.php
臉書社群(Arduino.Taiwan)：https://www.facebook.com/groups/Arduino.Taiwan/
Github 網站：https://github.com/brucetsao/
原始碼網址：https://github.com/brucetsao/ESP_Bulb
Youtube：https://www.youtube.com/channel/UCcYG2yY_u0mlaotcA4hrRgQ

許智誠
Chih-Cheng Hsu

美國加州大學洛杉磯分校(UCLA)資訊工程系博士，曾任職於美國 IBM 等軟體公司多年，現任教於中央大學資訊管理學系專任副教授，主要研究為軟體工程、設計流程與自動化、數位教學、雲端裝置、多層式網頁系統、系統整合、金融資料探勘、Python 建置(金融)資料探勘系統。

Email: khsu@mgt.ncu.edu.tw
作者網頁：http://www.mgt.ncu.edu.tw/~khsu/

蔡英德
Yin-Te Tsai

國立清華大學資訊科學博士，目前是靜宜大學資訊傳播工程學系教授，靜宜大學資訊學院院長及靜宜大學人工智慧創新應用研發中心主任。曾擔任台灣資訊傳播學會理事長，台灣國際計算器程式競賽暨檢定學會理事，台灣演算法與計算理論學會理事、監事。主要研究為演算法設計與分析、生物資訊、軟體開發、智慧計算與應用。

Email:yttsai@pu.edu.tw
作者網頁：http://www.csce.pu.edu.tw/people/bio.php?PID=6#personal_writing

郭晉魁
Jinn-Kwei Guo

國立成功大學電機工程研究所通訊組博士,目前任教於崑山科技大學電腦與通訊系專任副教授,主要研究為智慧家庭與物聯網應用技術,已獲得二十多個相關專利。

Email: ghosty@mail.ksu.edu.tw

Github 開放原始碼網址:https://github.com/ghostyguo

吳佳駿
Chia-Chun Wu

國立中興大學資訊科學與工程學系博士,現任教於國立金門大學工業工程與管理學系專任助理教授,目前兼任國立金門大學計算機與網路中心資訊網路組組長,主要研究為軟體工程與應用、行動裝置程式設計、物件導向程式設計、網路程式設計、動態網頁資料庫、資訊安全與管理。

Email: ccwu0918@nqu.edu.tw

自序

Maker 系列的書是我出版至今四年，出書量也近百本大關，開始專為學子在程式設計技巧方面所設計的系列，這系列可以說是我的書另一個里程碑。

這系列起因是筆者鑑於許多初學者，甚至是程式寫作多年的老手，由於網路範例到處都有，許多需求在多年以後，前人寫過的經驗，只要使用 Google Search 大神，幾乎都有可能找到類似目前遇到的問題的經驗或網友分享文，但是在很多機會之中，我們可以看到許多問題因為解題時間少，最初解答者用土法煉鋼，或是暴力法等等來解決問題，而這樣的範例卻往往是流傳於網路最快的範本，致使許多開發者，逐漸忘記程式寫作中所需要的技巧、邏輯、重用必須面對的要求等等，讓程式寫作的品質低落，幾乎很多程式人往往止於答題，而不管後人如何痛苦來承接您的程式。

筆者與其他諸位作者群，將多年開發系統的經驗與技巧，運用本書簡易的內容，希望可以讓讀者了解，如何學習這些基本技巧，把這些技巧當為式入門基本功，甚至可以當為鑽寫程式的準則，相信本書的內容對大家是有幫助的。

最後，請大家可以加入 Maker 的 Open Knowledge 的行列。

曹永忠 於貓咪樂園

自序

　　從小時候開始拆解老爸給我的一台唱盤起，似乎就注定了我這輩子要往資電領域發展。在那個經濟不好的年代，每個大人都是 maker，小孩子卻只能讀書至上，做甚麼都要偷偷摸摸。高中時，與同學組隊參加教育部第一屆軟體設計競賽，獲得一張有香味的獎狀，對於鄉下小孩來說，著實高興了好一陣子。大學選填電機系，畢業後剛好碰上台灣資訊業的起飛期，一路看著產業的興盛與變化。現在任教於科技大學，教學以實務為主，由於這個產業累積數十年的知識，學生的學習過程，無法在短短四年全部吸收，加上學校評鑑的干擾，學生的時間都拿去應付 KPI 以達到數量的要求，而沒有時間深入地去學習，無法引發興趣，眼看著許多學生就因此放棄了，甚為可惜。

　　老師主要的工作，是將知識系統化，傳授予學生，使其能減少摸索時間，如此才能促進人類知識的的累積與進步。我與永忠兄相識於網路，最早是經常見到他發表關於 Arduino 實驗的文章，舉凡任何可得的題材，永忠兄皆親自一一做實驗，並將過程公開發表，是一位極認真的多產作家。永忠兄原本並非電子電路專業，知道非本科人士在學習過程中的眉角，在做過許多實驗之後，寫出來的文章，其他非本科專業的人亦容易閱讀，對於知識擴散之貢獻卓著。本人感於永忠兄努力的精神，遂答應於本著作中引用本人教學用之程式碼，以永忠兄之寫作風格，重新整理於本書。

　　Arduino 以開放的資源，將電子電路應用推向非專業人士，建構出良性循環的生態系，引發許多廠商相繼投入，使這個物聯網時代，越來越熱鬧。期望本書的內容，能使每個讀者都能有所收穫，亦請讀者不吝提出批評與建議。

郭晉魁@崑山科技大學電腦與通訊系

自序

　　記得自己在大學資訊工程系修習電子電路實驗的時候,自己對於設計與製作電路板是一點興趣也沒有,然後又沒有天分,所以那是苦不堪言的一堂課,還好當年有我同組的好同學,努力的照顧我,命令我做這做那,我不會的他就自己做,如此讓我解決了資訊工程學系課程中,我最不擅長的課。

　　當時資訊工程學系對於設計電子電路課程,大多數都是專攻軟體的學生去修習時,系上的用意應該是要大家軟硬兼修,尤其是在台灣這個大部分是硬體為主的產業環境,但是對於一個軟體設計,但是缺乏硬體專業訓練,或是對於眾多機械機構與機電整合原理不太有概念的人,在理解現代的許多機電整合設計時,學習上都會有很多的困擾與障礙,因為專精於軟體設計的人,不一定能很容易就懂機電控制設計與機電整合。懂得機電控制的人,也不一定知道軟體該如何運作,不同的機電控制或是軟體開發常常都會有不同的解決方法。

　　除非您很有各方面的天賦,或是在學校巧遇名師教導,否則通常不太容易能在機電控制與機電整合這方面自我學習,進而成為專業人員。

　　而自從有了 Arduino 這個平台後,上述的困擾就大部分迎刃而解了,因為Arduino 這個平台讓你可以以不變應萬變,用一致性的平台,來做很多機電控制、機電整合學習,進而將軟體開發整合到機構設計之中,在這個機械、電子、電機、資訊、工程等整合領域,不失為一個很大的福音,尤其在創意掛帥的年代,能夠自己創新想法,從 Original Idea 到產品開發與整合能夠自己獨立完整設計出來,自己就能夠更容易完全了解與掌握核心技術與產業技術,整個開發過程必定可以提供思維上與實務上更多的收穫。

　　Arduino 平台引進台灣自今,雖然越來越多的書籍出版,但是從設計、開發、製作出一個完整產品並解析產品設計思維,這樣產品開發的書籍仍然鮮見,尤其是能夠從頭到尾,利用範例與理論解釋並重,完完整整的解說如何用 Arduino 設計出一個完整產品,介紹開發過程中,機電控制與軟體整合相關技術與範例,如此的書籍更是付之闕如。永忠、英德兄與敝人計畫撰寫 Maker 系列，就是基於這樣對市場需要的觀察，開發出這樣的書籍。

　　作者出版了許多的 Arduino 系列的書籍，深深覺的，基礎乃是最根本的實力，所以回到最基礎的地方，希望透過最基本的程式設計教學，來提供眾多的 Makers 在入門 Arduino 時，如何開始，如何攢寫自己的程式，進而介紹不同的週邊模組，主要的目的是希望學子可以學到如何使用這些週邊模組來設計程式，期望在未來產品開發時，可以更得心應手的使用這些週邊模組與感測器，更快將自己的想法實現，希望讀者可以了解與學習到作者寫書的初衷。

　　　　　　　　　　　許智誠　　於中壢雙連坡中央大學 管理學院

自序

隨著資通技術(ICT)的進步與普及，取得資料不僅方便快速，傳播資訊的管道也多樣化與便利。然而，在網路搜尋到的資料卻越來越巨量，如何將在眾多的資料之中篩選出正確的資訊，進而萃取出您要的知識？如何獲得同時具廣度與深度的知識？如何一次就獲得最正確的知識？相信這些都是大家共同思考的問題。

為了解決這些困惱大家的問題，永忠、智誠兄與敝人計畫製作一系列「Maker系列」書籍來傳遞兼具廣度與深度的軟體開發知識，希望讀者能利用這些書籍迅速掌握正確知識。首先規劃「以一個 Maker 的觀點，找尋所有可用資源並整合相關技術，透過創意與逆向工程的技法進行設計與開發」的系列書籍，運用現有的產品或零件，透過駭入產品的逆向工程的手法，拆解後並重製其控制核心，並使用 Arduino 相關技術進行產品設計與開發等過程，讓電子、機械、電機、控制、軟體、工程進行跨領域的整合。

近年來 Arduino 異軍突起，在許多大學，甚至高中職、國中，甚至許多出社會的工程達人，都以 Arduino 為單晶片控制裝置，整合許多感測器、馬達、動力機構、手機、平板...等，開發出許多具創意的互動產品與數位藝術。由於 Arduino 的簡單、易用、價格合理、資源眾多，許多大專院校及社團都推出相關課程與研習機會來學習與推廣。

以往介紹 ICT 技術的書籍大部份以理論開始、為了深化開發與專業技術，往往忘記這些產品產品開發背後所需要的背景、動機、需求、環境因素等，讓讀者在學習之間，不容易了解當初開發這些產品的原始創意與想法，基於這樣的原因，一般人學起來特別感到吃力與迷惘。

本書為了讀者能夠深入了解產品開發的背景，本系列整合 Maker 自造者的觀念與創意發想，深入產品技術核心，進而開發產品，只要讀者跟著本書一步一步研習與實作，在完成之際，回頭思考，就很容易了解開發產品的整體思維。透過這樣的思路，讀者就可以輕易地轉移學習經驗至其他相關的產品實作上。

所以本書是能夠自修的書，讀完後不僅能依據書本的實作說明準備材料來製作，盡情享受 DIY(Do It Yourself)的樂趣，還能了解其原理並推展至其他應用。有興趣的讀者可再利用書後的參考文獻繼續研讀相關資料。

本書的發行有新的創舉，就是以電子書型式發行，在國家圖書館 (http://www.ncl.edu.tw/)、國立公共資訊圖書館 National Library of Public Information(http://www.nlpi.edu.tw/)、台灣雲端圖庫(http://www.ebookservice.tw/)等都可以免費借閱與閱讀，如要購買的讀者也可以到許多電子書網路商城、Google Books 與 Google Play 都可以購買之後下載與閱讀。希望讀者能珍惜機會閱讀及學習，繼續將知識與資訊傳播出去，讓有興趣的眾人都受益。希望這個拋磚引玉的舉動能讓更多人響應與跟進，一起共襄盛舉。

本書可能還有不盡完美之處，非常歡迎您的指教與建議。近期還將推出其他 Arduino 相關應用與實作的書籍，敬請期待。

最後，請您立刻行動翻書閱讀。

蔡英德 於台中沙鹿靜宜大學主顧樓

目 錄

Maker 系列

在許多初學者，甚至是程式寫作多年的老手，由於網路範例到處都有，許多需求在多年以後，前人寫過的經驗，只要使用 Google Search 大神，幾乎都有可能找到類似目前遇到的問題的經驗或網友分享文，但是在很多機會之中，我們可以看到許多問題因為解題時間少，最初解答者用土法煉鋼，或是暴力法等等來解決問題，而這樣的範例卻往往是流傳於網路最快的範本，致使許多開發者，逐漸忘記程式寫作中所需要的技巧、邏輯、重用必須面對的要求等等，讓程式寫作的品質低落，幾乎很多程式人往往止於答題，而不管後人如何痛苦來承接您的程式。

本書諸位作者群，多年開發系統的經驗與技巧，運用本書簡易的內容，希望可以讓讀者了解，如何學習這些基本技巧，把這些技巧當為式入門基本功，甚至可以當為鑽寫程式的準則，相信本書的內容對大家是有幫助的。

當然，作者們仍在開發系統中不斷上進，所以本系列不會終止出書的，往後會一本一本將作者們多年開發系統的經驗與技巧，運用簡單的範例方式，不斷地將經驗分享給各位讀者，讓讀者可以輕鬆學會這些常用技巧的使用方法，進而提升各位 Maker 的實力。

1

CHAPTER

腳位定義的技巧

在 Arduino 開發版程式設計之中，GPIO 的使用非常常見，但是 GPIO 腳位的變動更是頻繁，一旦 GPIO 腳位變動，相對應的程式必須要相對變更，然而使用 GPIO 腳位的程式碼散佈在程式碼到處都是，一旦 GPIO 腳位變動，許多程式碼沒有全部變更，則產生許多隱藏性的臭蟲(Bugs)。

本文內容希望透過筆者的經驗，一步一步分享筆者解決這樣問題的經驗，透過這樣練習，讓讀者可以養成正確有效的寫作習慣，避免往後無所謂的臭蟲(Bugs)產生。

Arduino 的 Hello World

首先，裝好 Arduino 之後，不會安裝的讀者，請參閱筆者拙作『Arduino 程式教學(基本語法篇):Arduino Programming (Language & Syntax)』(曹永忠, 許智誠, & 蔡英德, 2016i, 2016k)，先行安裝 Arduino IDE 開發環境(軟體下載請到：https://www.arduino.cc/en/Main/Software)。

如下圖所示，這個實驗我們需要用到的實驗硬體有下圖.(a)的 Arduino Mega 2560、下圖.(b) USB 下載線、下圖.(c) Led 燈泡、下圖.(d) 220 歐姆電阻：

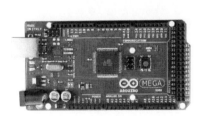

(a).Arduino Mega 2560   (b). USB 下載線

 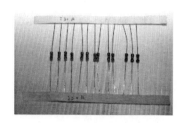

(c).Led燈泡   (d).220歐姆電阻

圖 1 LED 測試所需材料表

讀者可以參考下圖所示之 LED 測試連接電路圖,進行電路組立。

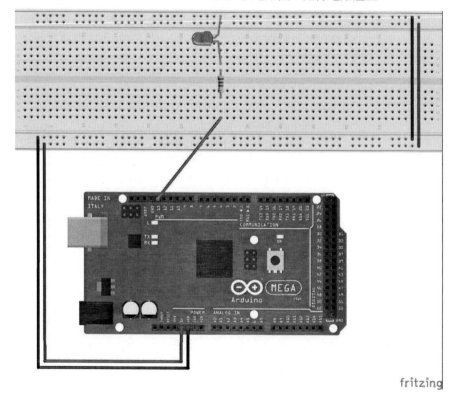

圖 2 Led 測試連接電路圖

讀者也可以參考下表之腳位說明,進行電路組立。

表 1 Led 測試接腳表

接腳	接腳說明	開發板接腳
1	麵包板 Vcc(紅線)	接電源正極(5V)
2	麵包板 GND(藍線)	接電源負極
3	220 歐姆電阻 A 端	開發板 digitalPin 13(D13)
4	220 歐姆電阻 B 端	Led 燈泡(正極端)
5	Led 燈泡(正極端)	220 歐姆電阻 B 端
6	Led 燈泡(負極端)	麵包板 GND(藍線)

讀者開啟 Arduino IDE 開發環境後，如下圖所示，請用範例：Blink，打開之後，如下圖所示：

圖 3 開啟 Blink 範例

我們攫寫一段程式，如下表所示之 Blink 範例程式，開發板接上 LED 燈之後，將程式編譯完成後，上傳到開發板進行測試。

表 2 Blink 範例程式

Blink 範例程式(Blink)

<pre>/*
   Blink
   Turns on an LED on for one second, then off for one second, repeatedly.
 	
   Most Arduinos have an on-board LED you can control. On the Uno and
   Leonardo, it is attached to digital pin 13. If you're unsure what
   pin the on-board LED is connected to on your Arduino model, check
   the documentation at http://www.arduino.cc
 	
   This example code is in the public domain.
 	
   modified 8 May 2014
   by Scott Fitzgerald
*/
 	
// the setup function runs once when you press reset or power the board
void setup() {
  // initialize digital pin 13 as an output.
  pinMode(13, OUTPUT);   //定義 D13 為輸出腳位
}
 	
// the loop function runs over and over again forever
void loop() {
  digitalWrite(13, HIGH);   // 將腳位 D13 設定為高電位 turn the LED on
(HIGH is the voltage level)
  delay(1000);   //休息 1 秒 wait for a second
  digitalWrite(13, LOW);   // 將腳位 D13 設定為低電位 turn the LED off by
making the voltage LOW
  delay(1000);   // 休息 1 秒 wait for a second
}</pre>

程式下載：https://github.com/brucetsao/arduino_Programming_Trick

讀者也可以在作者 YouTube 頻道(https://www.youtube.com/user/UltimaBruce)中，在網址 https://www.youtube.com/watch?v=NnwL-hBWnBc&feature=youtu.be ，看到本次實驗-Blink 範例程式結果畫面。

當然、如下圖所示，我們可以看到 Blink 範例程式結果畫面，。

圖 4 Blink 範例程式結果畫面

如果 LED 腳位變動

如果，我們在 Blink 程式中，如果腳位變換，將數位腳位 13 變動到數位腳位 8，讀者可參考下圖所示之 LED 測試連接電路圖(腳位八)，進行電路組立。

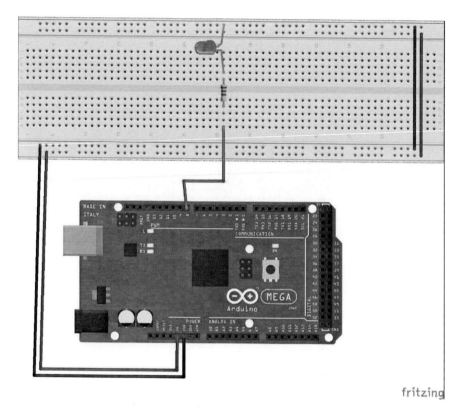

圖 5 Led 測試連接電路圖(腳位八)

讀者也可以參考下表之腳位說明，進行電路組立。

表 3 Led 測試接腳表

接腳	接腳說明	開發板接腳
1	麵包板 Vcc(紅線)	接電源正極(5V)
2	麵包板 GND(藍線)	接電源負極
3	220 歐姆電阻 A 端	開發板 digitalPin 8(D8)
4	220 歐姆電阻 B 端	Led 燈泡(正極端)
5	Led 燈泡(正極端)	220 歐姆電阻 B 端
6	Led 燈泡(負極端)	麵包板 GND(藍線)

　　讀者回頭看上表所示之 Blink 範例程式(Blink)，我們發現，關於 D13 這個腳位，出現在行數 20、行數 25、行數 27，共三處，此時我們僅將 D13 這個腳位改變到 D8 這個腳位，小小簡單的 Blink 範例程式(Blink)，就需要修改三處，那更複雜的程式豈不更多，如果一處沒有修改到，豈不是變成臭蟲(Bugs)或隱藏性的臭蟲(Bugs)。

　　所以我們使用了『#define』這個指令，來替代 D13，把程式開頭處加入：

```
#define Blink_Led_Pin 8
```

　　之後所有用到 D13 的地方，都修改為『Blink_Led_Pin』，轉成如下表所示之 Blink_ 使用 DEFINE 範例程式，將程式編譯完成後，上傳到開發板進行測試。

表 4 Blink_使用 DEFINE 範例程式

Blink_使用 DEFINE 範例程式(Blink_D8)
#define Blink_Led_Pin 8

```
// the setup function runs once when you press reset or power the board
void setup() {
  // initialize digital pin Blink_Led_Pin as an output.
  pinMode(Blink_Led_Pin, OUTPUT);        //定義 Blink_Led_Pin 為輸出腳位
}

// the loop function runs over and over again forever
void loop() {
  digitalWrite(Blink_Led_Pin, HIGH);     // 將腳位 Blink_Led_Pin 設定為高電位
turn the LED on (HIGH is the voltage level)
  delay(1000);                           //休息 1 秒 wait for a second
  digitalWrite(Blink_Led_Pin, LOW);      // 將腳位 Blink_Led_Pin 設定為低電位
turn the LED off by making the voltage LOW
  delay(1000);                           // 休息 1 秒 wait for a second
}
```

程式下載：https://github.com/brucetsao/arduino_Programming_Trick

讀者也可以在作者 YouTube 頻道(https://www.youtube.com/user/UltimaBruce)中，

在網址 https://www.youtube.com/watch?v=f_Bkc_MPkCg&feature=youtu.be ，看到本

次實驗- Blink_使用 DEFINE 範例程式(Blink_D8)結果畫面。

當然、如下圖所示，我們可以看到 Blink_使用 DEFINE 範例程式(Blink_D8)結果畫

面。

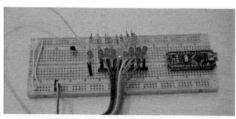

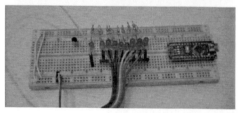

圖 6 Blink_使用 DEFINE 範例程式(Blink_D8)結果畫面

使用 define 之後 LED 腳位變動

所以我們使用了『#define』這個指令，來替代 D13，把程式開頭處加入：

```
#define Blink_Led_Pin 8
```

之後所有用到 D13 的地方，都修改為『Blink_Led_Pin』，如果我們在 Blink 這樣的程式中，如果再度腳位變換，將數位腳位 13 變動到數位腳位 3，讀者只需變動 led 腳位，再將下列程式將『Blink_Led_Pin 8』 改為『Blink_Led_Pin 3』進行程式改寫。

```
#define Blink_Led_Pin 3
```

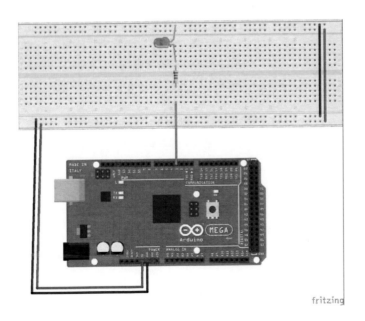

圖 7 Led 測試連接電路圖(腳位三)

只需將『Blink_Led_Pin 8』 改為『Blink_Led_Pin 3』進行程式改寫，其他地方都不需要改寫，將程式編譯完成後，上傳到開發板進行測試。

表 5 Blink_使用 DEFINE 範例程式一

Blink_使用 DEFINE 範例程式一(Blink_D3)

#define Blink_Led_Pin 3
 	
// the setup function runs once when you press reset or power the board
void setup() {
　// initialize digital pin Blink_Led_Pin as an output.
　pinMode(Blink_Led_Pin, OUTPUT);　　//定義 Blink_Led_Pin 為輸出腳位
}
 	
// the loop function runs over and over again forever
void loop() {
　digitalWrite(Blink_Led_Pin, HIGH);　// 將腳位 Blink_Led_Pin 設定為高電位
turn the LED on (HIGH is the voltage level)
　delay(1000);　　　　　　//休息 1 秒 wait for a second
　digitalWrite(Blink_Led_Pin, LOW);　// 將腳位 Blink_Led_Pin 設定為低電位
turn the LED off by making the voltage LOW
　delay(1000);　　　　　　// 休息 1 秒 wait for a second
}

程式下載：https://github.com/brucetsao/arduino_Programming_Trick

讀者也可以在作者 YouTube 頻道(https://www.youtube.com/user/UltimaBruce)中，在網址 https://www.youtube.com/watch?v=3AO1_Q39gEo&feature=youtu.be ，看到本次實驗- Blink_使用 DEFINE 範例程式一(Blink_D3)結果畫面。

當然、如下圖所示，我們可以看到 Blink_使用 DEFINE 範例程式一(Blink_D3)結果畫面，。

圖 8 Blink_使用 DEFINE 範例程式—(Blink_D3)結果畫面

使用 define 之後好處

　　所以我們使用了『#define』這個指令，宣告腳位變數要使用的所有腳位，並再用到相關腳位時候，所有腳位都用腳位變數來替代，如此，不僅更方便，而且臭蟲(Bugs)會更少，這是又是我們再攥寫 Arduino 程式時，常常使用的一個技巧。希望讀者閱讀本文之後，可以學到這個技巧，並可以熟用這個技巧，在往後將會把程式寫得更加穩定，系統更加龐大，複雜與功能強大，但臭蟲(Bugs)會更

章節小結

　　本文主要介紹之 GPIO 腳位使用時，使用 ｄｅｆｉｎｅ　腳位變數方式寫作，讓程式更加穩固與方便改寫與變動，透過本文的解說，相信讀者會對 ｄｅｆｉｎｅ 腳位變數方式寫作概念，有更進一步的了解與體認。

2
CHAPTER

多腳位定義的技巧

在 Arduino 開發版程式設計之中，同時使用多個 GPIO 非常常見，但是 GPIO 腳位的變動更是頻繁，一旦 GPIO 腳位變動，相對應的程式必須要相對變更，然而使用 GPIO 腳位的程式碼散佈在程式碼到處都是，一旦 GPIO 腳位變動，許多程式碼沒有全部變更，則產生許多隱藏性的臭蟲(Bugs)。

本文內容希望透過筆者的經驗，一步一步分享筆者解決這樣問題的經驗，透過這樣練習，讓讀者可以養成正確有效的寫作習慣，避免往後無所謂的臭蟲(Bugs)產生。

流水燈

首先，裝好 Arduino 之後，不會安裝的讀者，請參閱筆者拙作『Arduino 程式教學(基本語法篇):Arduino Programming (Language & Syntax)』(曹永忠, 許智誠, et al., 2016i, 2016k)，先行安裝 Arduino IDE 開發環境(軟體下載請到：https://www.arduino.cc/en/Main/Software)。

如下圖所示，這個實驗我們需要用到的實驗硬體有下圖.(a)的 Arduino Mega 2560、下圖.(b) USB 下載線、下圖.(c) Led 燈泡、下圖.(d) 220 歐姆電阻：

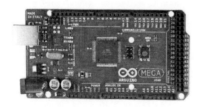

(a).Arduino Mega 2560   (b). USB 下載線

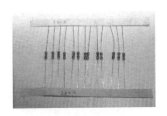

(d).220歐姆電阻

(c).Led燈泡

圖 9 LED 測試所需材料表

讀者可以參考下圖所示之 LED 測試連接電路圖，進行流水燈電路組立。

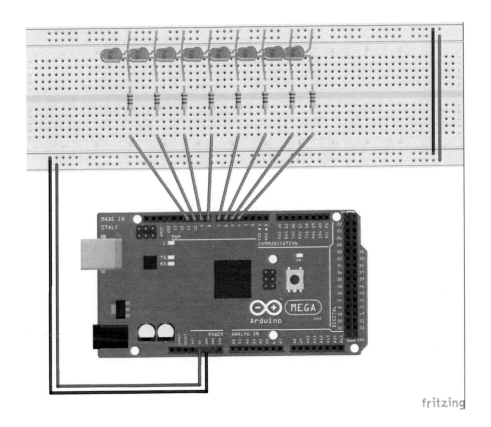

圖 10 流水燈連接電路圖

讀者也可以參考下表之腳位說明，進行電路組立。

表 6 Led 測試接腳表

接腳	接腳說明	開發板接腳
1	麵包板 Vcc(紅線)	接電源正極(5V)
	麵包板 GND(藍線)	接電源負極
3	220 歐姆電阻 A 端	開發板 digitalPin 4~11(D4~D11)
4	220 歐姆電阻 B 端	Led 燈泡(正極端)
5	Led 燈泡(正極端)	220 歐姆電阻 B 端
6	Led 燈泡(負極端)	麵包板 GND(藍線)

讀者開啟 Arduino IDE 開發環境後，我們攥寫一段程式，如下表所示之流水燈範例程式，開發板接上八組 LED 燈之後，將程式編譯完成後，上傳到開發板進行測試。

表 7 流水燈範例程式

```
流水燈範例程式(Water_light)
#define Led1_Pin 4
#define Led2_Pin 5
#define Led3_Pin 6
#define Led4_Pin 7
#define Led5_Pin 8
#define Led6_Pin 9
#define Led7_Pin 10
#define Led8_Pin 11

// the setup function runs once when you press reset or power the board
```

```
void setup() {
  // initialize digital pin Blink_Led_Pin as an output.
  pinMode(Led1_Pin, OUTPUT);        //定義 Blink_Led_Pin 為輸出腳位
  pinMode(Led2_Pin, OUTPUT);        //定義 Blink_Led_Pin 為輸出腳位
  pinMode(Led3_Pin, OUTPUT);        //定義 Blink_Led_Pin 為輸出腳位
  pinMode(Led4_Pin, OUTPUT);        //定義 Blink_Led_Pin 為輸出腳位
  pinMode(Led5_Pin, OUTPUT);        //定義 Blink_Led_Pin 為輸出腳位
  pinMode(Led6_Pin, OUTPUT);        //定義 Blink_Led_Pin 為輸出腳位
  pinMode(Led7_Pin, OUTPUT);        //定義 Blink_Led_Pin 為輸出腳位
  pinMode(Led8_Pin, OUTPUT);        //定義 Blink_Led_Pin 為輸出腳位
  digitalWrite(Led1_Pin, LOW);      // 將腳位 Blink_Led_Pin 設定為低電位
turn the LED off by making the voltage LOW
  digitalWrite(Led2_Pin, LOW);      // 將腳位 Blink_Led_Pin 設定為低電位
turn the LED off by making the voltage LOW
  digitalWrite(Led3_Pin, LOW);      // 將腳位 Blink_Led_Pin 設定為低電位
turn the LED off by making the voltage LOW
  digitalWrite(Led4_Pin, LOW);      // 將腳位 Blink_Led_Pin 設定為低電位
turn the LED off by making the voltage LOW
  digitalWrite(Led5_Pin, LOW);      // 將腳位 Blink_Led_Pin 設定為低電位
turn the LED off by making the voltage LOW
  digitalWrite(Led6_Pin, LOW);      // 將腳位 Blink_Led_Pin 設定為低電位
turn the LED off by making the voltage LOW
  digitalWrite(Led7_Pin, LOW);      // 將腳位 Blink_Led_Pin 設定為低電位
turn the LED off by making the voltage LOW
  digitalWrite(Led8_Pin, LOW);      // 將腳位 Blink_Led_Pin 設定為低電位
turn the LED off by making the voltage LOW


}

// the loop function runs over and over again forever
void loop() {
  // Step 0
  digitalWrite(Led1_Pin, LOW);      // 將腳位 Blink_Led_Pin 設定為低電位
turn the LED off by making the voltage LOW
  digitalWrite(Led2_Pin, LOW);      // 將腳位 Blink_Led_Pin 設定為低電位
turn the LED off by making the voltage LOW
  digitalWrite(Led3_Pin, LOW);      // 將腳位 Blink_Led_Pin 設定為低電位
turn the LED off by making the voltage LOW
  digitalWrite(Led4_Pin, LOW);      // 將腳位 Blink_Led_Pin 設定為低電位
```

```
turn the LED off by making the voltage LOW
    digitalWrite(Led5_Pin, LOW);      // 將腳位 Blink_Led_Pin 設定為低電位
turn the LED off by making the voltage LOW
    digitalWrite(Led6_Pin, LOW);      // 將腳位 Blink_Led_Pin 設定為低電位
turn the LED off by making the voltage LOW
    digitalWrite(Led7_Pin, LOW);      // 將腳位 Blink_Led_Pin 設定為低電位
turn the LED off by making the voltage LOW
    digitalWrite(Led8_Pin, LOW);      // 將腳位 Blink_Led_Pin 設定為低電位
turn the LED off by making the voltage LOW
    delay(1000);                 //休息 1 秒 wait for a second
    // Step 1
    digitalWrite(Led1_Pin, HIGH);     // 將腳位 Blink_Led_Pin 設定為低電位
turn the LED off by making the voltage LOW
    digitalWrite(Led2_Pin, LOW);      // 將腳位 Blink_Led_Pin 設定為低電位
turn the LED off by making the voltage LOW
    digitalWrite(Led3_Pin, LOW);      // 將腳位 Blink_Led_Pin 設定為低電位
turn the LED off by making the voltage LOW
    digitalWrite(Led4_Pin, LOW);      // 將腳位 Blink_Led_Pin 設定為低電位
turn the LED off by making the voltage LOW
    digitalWrite(Led5_Pin, LOW);      // 將腳位 Blink_Led_Pin 設定為低電位
turn the LED off by making the voltage LOW
    digitalWrite(Led6_Pin, LOW);      // 將腳位 Blink_Led_Pin 設定為低電位
turn the LED off by making the voltage LOW
    digitalWrite(Led7_Pin, LOW);      // 將腳位 Blink_Led_Pin 設定為低電位
turn the LED off by making the voltage LOW
    digitalWrite(Led8_Pin, LOW);      // 將腳位 Blink_Led_Pin 設定為低電位
turn the LED off by making the voltage LOW
    delay(1000);                 //休息 1 秒 wait for a second
    // Step 2
    digitalWrite(Led1_Pin, LOW);      // 將腳位 Blink_Led_Pin 設定為低電位
turn the LED off by making the voltage LOW
    digitalWrite(Led2_Pin, HIGH);     // 將腳位 Blink_Led_Pin 設定為低電位
turn the LED off by making the voltage LOW
    digitalWrite(Led3_Pin, LOW);      // 將腳位 Blink_Led_Pin 設定為低電位
turn the LED off by making the voltage LOW
    digitalWrite(Led4_Pin, LOW);      // 將腳位 Blink_Led_Pin 設定為低電位
turn the LED off by making the voltage LOW
    digitalWrite(Led5_Pin, LOW);      // 將腳位 Blink_Led_Pin 設定為低電位
turn the LED off by making the voltage LOW
```

```
    digitalWrite(Led6_Pin, LOW);      // 將腳位 Blink_Led_Pin 設定為低電位
turn the LED off by making the voltage LOW
    digitalWrite(Led7_Pin, LOW);      // 將腳位 Blink_Led_Pin 設定為低電位
turn the LED off by making the voltage LOW
    digitalWrite(Led8_Pin, LOW);      // 將腳位 Blink_Led_Pin 設定為低電位
turn the LED off by making the voltage LOW
    delay(1000);                      //休息 1 秒 wait for a second
      // Step 3
    digitalWrite(Led1_Pin, LOW);      // 將腳位 Blink_Led_Pin 設定為低電位
turn the LED off by making the voltage LOW
    digitalWrite(Led2_Pin, LOW);      // 將腳位 Blink_Led_Pin 設定為低電位
turn the LED off by making the voltage LOW
    digitalWrite(Led3_Pin, HIGH);     // 將腳位 Blink_Led_Pin 設定為低電位
turn the LED off by making the voltage LOW
    digitalWrite(Led4_Pin, LOW);      // 將腳位 Blink_Led_Pin 設定為低電位
turn the LED off by making the voltage LOW
    digitalWrite(Led5_Pin, LOW);      // 將腳位 Blink_Led_Pin 設定為低電位
turn the LED off by making the voltage LOW
    digitalWrite(Led6_Pin, LOW);      // 將腳位 Blink_Led_Pin 設定為低電位
turn the LED off by making the voltage LOW
    digitalWrite(Led7_Pin, LOW);      // 將腳位 Blink_Led_Pin 設定為低電位
turn the LED off by making the voltage LOW
    digitalWrite(Led8_Pin, LOW);      // 將腳位 Blink_Led_Pin 設定為低電位
turn the LED off by making the voltage LOW
    delay(1000);                      //休息 1 秒 wait for a second
      // Step 4
    digitalWrite(Led1_Pin, LOW);      // 將腳位 Blink_Led_Pin 設定為低電位
turn the LED off by making the voltage LOW
    digitalWrite(Led2_Pin, LOW);      // 將腳位 Blink_Led_Pin 設定為低電位
turn the LED off by making the voltage LOW
    digitalWrite(Led3_Pin, LOW);      // 將腳位 Blink_Led_Pin 設定為低電位
turn the LED off by making the voltage LOW
    digitalWrite(Led4_Pin, HIGH);     // 將腳位 Blink_Led_Pin 設定為低電位
turn the LED off by making the voltage LOW
    digitalWrite(Led5_Pin, LOW);      // 將腳位 Blink_Led_Pin 設定為低電位
turn the LED off by making the voltage LOW
    digitalWrite(Led6_Pin, LOW);      // 將腳位 Blink_Led_Pin 設定為低電位
turn the LED off by making the voltage LOW
    digitalWrite(Led7_Pin, LOW);      // 將腳位 Blink_Led_Pin 設定為低電位
```

```
turn the LED off by making the voltage LOW
    digitalWrite(Led8_Pin, LOW);      // 將腳位 Blink_Led_Pin 設定為低電位
turn the LED off by making the voltage LOW
    delay(1000);                      //休息 1 秒  wait for a second
      // Step 5
    digitalWrite(Led1_Pin, LOW);      // 將腳位 Blink_Led_Pin 設定為低電位
turn the LED off by making the voltage LOW
    digitalWrite(Led2_Pin, LOW);      // 將腳位 Blink_Led_Pin 設定為低電位
turn the LED off by making the voltage LOW
    digitalWrite(Led3_Pin, LOW);      // 將腳位 Blink_Led_Pin 設定為低電位
turn the LED off by making the voltage LOW
    digitalWrite(Led4_Pin, LOW);      // 將腳位 Blink_Led_Pin 設定為低電位
turn the LED off by making the voltage LOW
    digitalWrite(Led5_Pin, HIGH);     // 將腳位 Blink_Led_Pin 設定為低電位
turn the LED off by making the voltage LOW
    digitalWrite(Led6_Pin, LOW);      // 將腳位 Blink_Led_Pin 設定為低電位
turn the LED off by making the voltage LOW
    digitalWrite(Led7_Pin, LOW);      // 將腳位 Blink_Led_Pin 設定為低電位
turn the LED off by making the voltage LOW
    digitalWrite(Led8_Pin, LOW);      // 將腳位 Blink_Led_Pin 設定為低電位
turn the LED off by making the voltage LOW
    delay(1000);                      //休息 1 秒  wait for a second
      // Step 6
    digitalWrite(Led1_Pin, LOW);      // 將腳位 Blink_Led_Pin 設定為低電位
turn the LED off by making the voltage LOW
    digitalWrite(Led2_Pin, LOW);      // 將腳位 Blink_Led_Pin 設定為低電位
turn the LED off by making the voltage LOW
    digitalWrite(Led3_Pin, LOW);      // 將腳位 Blink_Led_Pin 設定為低電位
turn the LED off by making the voltage LOW
    digitalWrite(Led4_Pin, LOW);      // 將腳位 Blink_Led_Pin 設定為低電位
turn the LED off by making the voltage LOW
    digitalWrite(Led5_Pin, LOW);      // 將腳位 Blink_Led_Pin 設定為低電位
turn the LED off by making the voltage LOW
    digitalWrite(Led6_Pin, HIGH);     // 將腳位 Blink_Led_Pin 設定為低電位
turn the LED off by making the voltage LOW
    digitalWrite(Led7_Pin, LOW);      // 將腳位 Blink_Led_Pin 設定為低電位
turn the LED off by making the voltage LOW
    digitalWrite(Led8_Pin, LOW);      // 將腳位 Blink_Led_Pin 設定為低電位
turn the LED off by making the voltage LOW
```

```
    delay(1000);               //休息 1 秒  wait for a second
        // Step 7
    digitalWrite(Led1_Pin, LOW);        // 將腳位 Blink_Led_Pin 設定為低電位
turn the LED off by making the voltage LOW
    digitalWrite(Led2_Pin, LOW);        // 將腳位 Blink_Led_Pin 設定為低電位
turn the LED off by making the voltage LOW
    digitalWrite(Led3_Pin, LOW);        // 將腳位 Blink_Led_Pin 設定為低電位
turn the LED off by making the voltage LOW
    digitalWrite(Led4_Pin, LOW);        // 將腳位 Blink_Led_Pin 設定為低電位
turn the LED off by making the voltage LOW
    digitalWrite(Led5_Pin, LOW);        // 將腳位 Blink_Led_Pin 設定為低電位
turn the LED off by making the voltage LOW
    digitalWrite(Led6_Pin, LOW);        // 將腳位 Blink_Led_Pin 設定為低電位
turn the LED off by making the voltage LOW
    digitalWrite(Led7_Pin, HIGH);       // 將腳位 Blink_Led_Pin 設定為低電位
turn the LED off by making the voltage LOW
    digitalWrite(Led8_Pin, LOW);        // 將腳位 Blink_Led_Pin 設定為低電位
turn the LED off by making the voltage LOW
    delay(1000);               //休息 1 秒  wait for a second
        // Step 8
    digitalWrite(Led1_Pin, LOW);        // 將腳位 Blink_Led_Pin 設定為低電位
turn the LED off by making the voltage LOW
    digitalWrite(Led2_Pin, LOW);        // 將腳位 Blink_Led_Pin 設定為低電位
turn the LED off by making the voltage LOW
    digitalWrite(Led3_Pin, LOW);        // 將腳位 Blink_Led_Pin 設定為低電位
turn the LED off by making the voltage LOW
    digitalWrite(Led4_Pin, LOW);        // 將腳位 Blink_Led_Pin 設定為低電位
turn the LED off by making the voltage LOW
    digitalWrite(Led5_Pin, LOW);        // 將腳位 Blink_Led_Pin 設定為低電位
turn the LED off by making the voltage LOW
    digitalWrite(Led6_Pin, LOW);        // 將腳位 Blink_Led_Pin 設定為低電位
turn the LED off by making the voltage LOW
    digitalWrite(Led7_Pin, LOW);        // 將腳位 Blink_Led_Pin 設定為低電位
turn the LED off by making the voltage LOW
    digitalWrite(Led8_Pin, HIGH);       // 將腳位 Blink_Led_Pin 設定為低電位
turn the LED off by making the voltage LOW
    delay(1000);               //休息 1 秒  wait for a second
}
```

程式下載：https://github.com/brucetsao/arduino_Programming_Trick

讀者也可以在作者 YouTube 頻道(https://www.youtube.com/user/UltimaBruce)中，在網址 https://www.youtube.com/watch?v=3eeIpdJVJoE&feature=youtu.be ，看到本次實驗-流水燈範例程式結果畫面。

當然、如下圖所示，我們可以看到流水燈範例程式結果畫面。

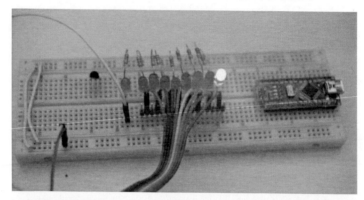

圖 11 流水燈範例程式結果畫面

使用陣列簡化程式

如下圖所示，我們發現我們使用八個 Leds 燈，而燈號成為連續數字，所以我們如果使用陣列變數來代表腳位，可以更有效管理這些腳位。

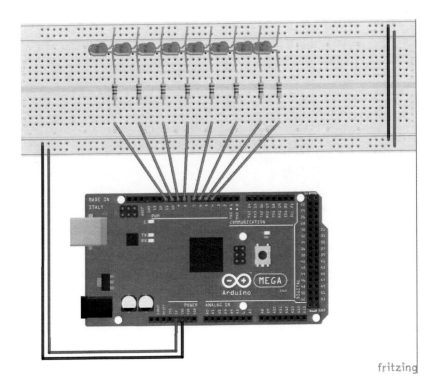

圖 12 流水燈連接電路圖

　，我們在上表：流水燈範例程式，我們用 define 變數來代表腳位，但由於一個腳位一個變數，八個腳位就有八個變數，所以每一個腳位變動都必須要透過變數來重設腳位的高低電位來控制 Led 燈暗或燈亮。

　　在 C 語言當中，我們常用迴圈指令來簡化處理連續數字或陣列，整個程式會更加簡化。

　　讀者回頭看上表所示之流水燈範例程式，我們發現，雖然用 define 變數簡化了腳位變動時，只需變更#define 變數後面的值，但是這僅僅簡化了腳位變動後需改變程式內容的地方，但是大量的腳位，還是需要更龐大的處理程式。

　　所以我們使用了『int LedPins[]』這個指令，來替代{4,5,6,7,8,9,10,11}共八個腳位，把程式開頭處加入：

```
int LedPins[] = {4,5,6,7,8,9,10,11} ;
```

我們再將下表腳位定義與下下表腳位定義，使用迴圈的技術。

表 8 腳位定義

pinMode(Led1_Pin, OUTPUT);	//定義 Blink_Led_Pin 為輸出腳位
pinMode(Led2_Pin, OUTPUT);	//定義 Blink_Led_Pin 為輸出腳位
pinMode(Led3_Pin, OUTPUT);	//定義 Blink_Led_Pin 為輸出腳位
pinMode(Led4_Pin, OUTPUT);	//定義 Blink_Led_Pin 為輸出腳位
pinMode(Led5_Pin, OUTPUT);	//定義 Blink_Led_Pin 為輸出腳位
pinMode(Led6_Pin, OUTPUT);	//定義 Blink_Led_Pin 為輸出腳位
pinMode(Led7_Pin, OUTPUT);	//定義 Blink_Led_Pin 為輸出腳位
pinMode(Led8_Pin, OUTPUT);	//定義 Blink_Led_Pin 為輸出腳位

表 9 腳位初始化

digitalWrite(Led1_Pin, LOW);   // 將腳位 Blink_Led_Pin 設定為低電位 turn the LED off by making the voltage LOW
digitalWrite(Led2_Pin, LOW);   // 將腳位 Blink_Led_Pin 設定為低電位 turn the LED off by making the voltage LOW
digitalWrite(Led3_Pin, LOW);   // 將腳位 Blink_Led_Pin 設定為低電位 turn the LED off by making the voltage LOW
digitalWrite(Led4_Pin, LOW);   // 將腳位 Blink_Led_Pin 設定為低電位 turn the LED off by making the voltage LOW
digitalWrite(Led5_Pin, LOW);   // 將腳位 Blink_Led_Pin 設定為低電位 turn the LED off by making the voltage LOW
digitalWrite(Led6_Pin, LOW);   // 將腳位 Blink_Led_Pin 設定為低電位 turn the LED off by making the voltage LOW
digitalWrite(Led7_Pin, LOW);   // 將腳位 Blink_Led_Pin 設定為低電位 turn the LED off by making the voltage LOW
digitalWrite(Led8_Pin, LOW);   // 將腳位 Blink_Led_Pin 設定為低電位 turn the LED off by making the voltage LOW

我們透過 for(i)迴圈，來將下列設定程式包括進去

```
pinMode(LedPins[i], OUTPUT);    //定義 Blink_Led_Pin 為輸出腳位
digitalWrite(LedPins[i], LOW);    // 將腳位 Blink_Led_Pin 設定為低電位    turn
```

所以程式就成下列程式：

```
for(int i=0; i <8 ; i++)
    {
            pinMode(LedPins[i], OUTPUT);        //定義 Blink_Led_Pin 為輸
出腳位
            digitalWrite(LedPins[i], LOW);        // 將腳位 Blink_Led_Pin 設定
為低電位   turn the LED off by making the voltage LOW
    }
```

我們發現，十六行的程式簡化成四行，依樣達到相同效果。

我們將使用陣列與迴圈設定腳位程式，上傳到開發板進行測試。

表 10 使用陣列與迴圈設定腳位程式

使用陣列與迴圈設定腳位程式(Water_light_Array_for_Setup)

```
int LedPins[] = {4,5,6,7,8,9,10,11} ;
// the setup function runs once when you press reset or power the board
void setup() {
  // initialize digital pin Blink_Led_Pin as an output.
    for(int i=0; i <8 ; i++)
        {
            pinMode(LedPins[i], OUTPUT);        //定義 Blink_Led_Pin 為輸
出腳位
            digitalWrite(LedPins[i], LOW);        // 將腳位 Blink_Led_Pin 設定
為低電位   turn the LED off by making the voltage LOW
        }

}

// the loop function runs over and over again forever
void loop() {

}
```

使用燈號狀態簡化程式

如下圖所示，我們發現我們使用八個 Leds 燈，而燈號成為連續數字，所以我們如果使用陣列變數來代表腳位，可以更有效管理這些腳位。

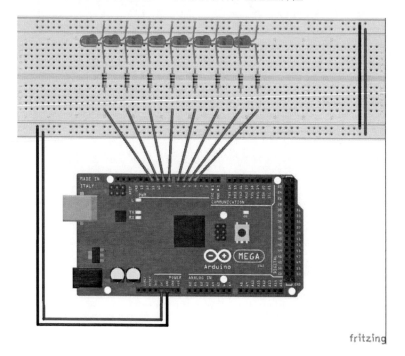

fritzing

圖 13 流水燈連接電路圖

我們在上表：使用陣列與迴圈設定腳位程式，我們用陣列與迴圈來簡化腳位的設定與初始化，但我們在流水燈範例程式中，流水燈的動作還未寫出來，如下表所示。我們先看看流水燈範例程式中燈號動作的程式

表 11 流水燈動作程式

步驟	程式碼
第一燈	// Step 1 ***digitalWrite(Led1_Pin, HIGH);***　　// 將腳位 Blink_Led_Pin 設定為

	低電位 turn the LED off by making the voltage LOW
	digitalWrite(Led2_Pin, LOW);　　// 將腳位 Blink_Led_Pin 設定為低
	電位 turn the LED off by making the voltage LOW
	digitalWrite(Led3_Pin, LOW);　　// 將腳位 Blink_Led_Pin 設定為低
	電位 turn the LED off by making the voltage LOW
	digitalWrite(Led4_Pin, LOW);　　// 將腳位 Blink_Led_Pin 設定為低
	電位 turn the LED off by making the voltage LOW
	digitalWrite(Led5_Pin, LOW);　　// 將腳位 Blink_Led_Pin 設定為低
	電位 turn the LED off by making the voltage LOW
	digitalWrite(Led6_Pin, LOW);　　// 將腳位 Blink_Led_Pin 設定為低
	電位 turn the LED off by making the voltage LOW
	digitalWrite(Led7_Pin, LOW);　　// 將腳位 Blink_Led_Pin 設定為低
	電位 turn the LED off by making the voltage LOW
	digitalWrite(Led8_Pin, LOW);　　// 將腳位 Blink_Led_Pin 設定為低
	電位 turn the LED off by making the voltage LOW
	delay(1000);　　　　　　　//休息 1 秒 wait for a second
第二燈	// Step 2
	digitalWrite(Led1_Pin, LOW);　　// 將腳位 Blink_Led_Pin 設定為低
	電位 turn the LED off by making the voltage LOW
	digitalWrite(Led2_Pin, HIGH);　　// 將腳位 Blink_Led_Pin 設定為
	低電位 turn the LED off by making the voltage LOW
	digitalWrite(Led3_Pin, LOW);　　// 將腳位 Blink_Led_Pin 設定為低
	電位 turn the LED off by making the voltage LOW
	digitalWrite(Led4_Pin, LOW);　　// 將腳位 Blink_Led_Pin 設定為低
	電位 turn the LED off by making the voltage LOW
	digitalWrite(Led5_Pin, LOW);　　// 將腳位 Blink_Led_Pin 設定為低
	電位 turn the LED off by making the voltage LOW
	digitalWrite(Led6_Pin, LOW);　　// 將腳位 Blink_Led_Pin 設定為低
	電位 turn the LED off by making the voltage LOW
	digitalWrite(Led7_Pin, LOW);　　// 將腳位 Blink_Led_Pin 設定為低
	電位 turn the LED off by making the voltage LOW
	digitalWrite(Led8_Pin, LOW);　　// 將腳位 Blink_Led_Pin 設定為低
	電位 turn the LED off by making the voltage LOW
	delay(1000);　　　　　　　//休息 1 秒 wait for a second
第三燈	// Step 3
	digitalWrite(Led1_Pin, LOW);　　// 將腳位 Blink_Led_Pin 設定為低
	電位 turn the LED off by making the voltage LOW
	digitalWrite(Led2_Pin, LOW);　　// 將腳位 Blink_Led_Pin 設定為低
	電位 turn the LED off by making the voltage LOW

	digitalWrite(Led3_Pin, HIGH);　　// 將腳位 Blink_Led_Pin 設定為 低電位　turn the LED off by making the voltage LOW digitalWrite(Led4_Pin, LOW);　　// 將腳位 Blink_Led_Pin 設定為低 電位　turn the LED off by making the voltage LOW digitalWrite(Led5_Pin, LOW);　　// 將腳位 Blink_Led_Pin 設定為低 電位　turn the LED off by making the voltage LOW digitalWrite(Led6_Pin, LOW);　　// 將腳位 Blink_Led_Pin 設定為低 電位　turn the LED off by making the voltage LOW digitalWrite(Led7_Pin, LOW);　　// 將腳位 Blink_Led_Pin 設定為低 電位　turn the LED off by making the voltage LOW digitalWrite(Led8_Pin, LOW);　　// 將腳位 Blink_Led_Pin 設定為低 電位　turn the LED off by making the voltage LOW delay(1000);　　　　　　//休息 1 秒　wait for a second
第四燈	// Step 4 digitalWrite(Led1_Pin, LOW);　　// 將腳位 Blink_Led_Pin 設定為低 電位　turn the LED off by making the voltage LOW digitalWrite(Led2_Pin, LOW);　　// 將腳位 Blink_Led_Pin 設定為低 電位　turn the LED off by making the voltage LOW digitalWrite(Led3_Pin, LOW);　　// 將腳位 Blink_Led_Pin 設定為低 電位　turn the LED off by making the voltage LOW ***digitalWrite(Led4_Pin, HIGH);***　　// 將腳位 Blink_Led_Pin 設定為 低電位　turn the LED off by making the voltage LOW digitalWrite(Led5_Pin, LOW);　　// 將腳位 Blink_Led_Pin 設定為低 電位　turn the LED off by making the voltage LOW digitalWrite(Led6_Pin, LOW);　　// 將腳位 Blink_Led_Pin 設定為低 電位　turn the LED off by making the voltage LOW digitalWrite(Led7_Pin, LOW);　　// 將腳位 Blink_Led_Pin 設定為低 電位　turn the LED off by making the voltage LOW digitalWrite(Led8_Pin, LOW);　　// 將腳位 Blink_Led_Pin 設定為低 電位　turn the LED off by making the voltage LOW delay(1000);　　　　　　//休息 1 秒　wait for a second
第五燈	// Step 5 digitalWrite(Led1_Pin, LOW);　　// 將腳位 Blink_Led_Pin 設定為低 電位　turn the LED off by making the voltage LOW digitalWrite(Led2_Pin, LOW);　　// 將腳位 Blink_Led_Pin 設定為低 電位　turn the LED off by making the voltage LOW digitalWrite(Led3_Pin, LOW);　　// 將腳位 Blink_Led_Pin 設定為低 電位　turn the LED off by making the voltage LOW digitalWrite(Led4_Pin, LOW);　　// 將腳位 Blink_Led_Pin 設定為低

	電位　turn the LED off by making the voltage LOW ***digitalWrite(Led5_Pin, HIGH);***　// 將腳位 Blink_Led_Pin 設定為 低電位　turn the LED off by making the voltage LOW digitalWrite(Led6_Pin, LOW);　// 將腳位 Blink_Led_Pin 設定為低 電位　turn the LED off by making the voltage LOW digitalWrite(Led7_Pin, LOW);　// 將腳位 Blink_Led_Pin 設定為低 電位　turn the LED off by making the voltage LOW digitalWrite(Led8_Pin, LOW);　// 將腳位 Blink_Led_Pin 設定為低 電位　turn the LED off by making the voltage LOW delay(1000);　　//休息 1 秒 wait for a second
第六燈	// Step 6 digitalWrite(Led1_Pin, LOW);　// 將腳位 Blink_Led_Pin 設定為低 電位　turn the LED off by making the voltage LOW digitalWrite(Led2_Pin, LOW);　// 將腳位 Blink_Led_Pin 設定為低 電位　turn the LED off by making the voltage LOW digitalWrite(Led3_Pin, LOW);　// 將腳位 Blink_Led_Pin 設定為低 電位　turn the LED off by making the voltage LOW digitalWrite(Led4_Pin, LOW);　// 將腳位 Blink_Led_Pin 設定為低 電位　turn the LED off by making the voltage LOW digitalWrite(Led5_Pin, LOW);　// 將腳位 Blink_Led_Pin 設定為低 電位　turn the LED off by making the voltage LOW ***digitalWrite(Led6_Pin, HIGH);***　// 將腳位 Blink_Led_Pin 設定為 低電位　turn the LED off by making the voltage LOW digitalWrite(Led7_Pin, LOW);　// 將腳位 Blink_Led_Pin 設定為低 電位　turn the LED off by making the voltage LOW digitalWrite(Led8_Pin, LOW);　// 將腳位 Blink_Led_Pin 設定為低 電位　turn the LED off by making the voltage LOW delay(1000);　　//休息 1 秒 wait for a second
第七燈	// Step 7 digitalWrite(Led1_Pin, LOW);　// 將腳位 Blink_Led_Pin 設定為低 電位　turn the LED off by making the voltage LOW digitalWrite(Led2_Pin, LOW);　// 將腳位 Blink_Led_Pin 設定為低 電位　turn the LED off by making the voltage LOW digitalWrite(Led3_Pin, LOW);　// 將腳位 Blink_Led_Pin 設定為低 電位　turn the LED off by making the voltage LOW digitalWrite(Led4_Pin, LOW);　// 將腳位 Blink_Led_Pin 設定為低 電位　turn the LED off by making the voltage LOW digitalWrite(Led5_Pin, LOW);　// 將腳位 Blink_Led_Pin 設定為低 電位　turn the LED off by making the voltage LOW

	digitalWrite(Led6_Pin, LOW);　　// 將腳位 Blink_Led_Pin 設定為低電位　turn the LED off by making the voltage LOW **_digitalWrite(Led7_Pin, HIGH);_**　// 將腳位 Blink_Led_Pin 設定為低電位　turn the LED off by making the voltage LOW digitalWrite(Led8_Pin, LOW);　　// 將腳位 Blink_Led_Pin 設定為低電位　turn the LED off by making the voltage LOW delay(1000);　　　　//休息 1 秒 wait for a second

第八燈	// Step 8
	digitalWrite(Led1_Pin, LOW);　　// 將腳位 Blink_Led_Pin 設定為低電位　turn the LED off by making the voltage LOW
	digitalWrite(Led2_Pin, LOW);　　// 將腳位 Blink_Led_Pin 設定為低電位　turn the LED off by making the voltage LOW
	digitalWrite(Led3_Pin, LOW);　　// 將腳位 Blink_Led_Pin 設定為低電位　turn the LED off by making the voltage LOW
	digitalWrite(Led4_Pin, LOW);　　// 將腳位 Blink_Led_Pin 設定為低電位　turn the LED off by making the voltage LOW
	digitalWrite(Led5_Pin, LOW);　　// 將腳位 Blink_Led_Pin 設定為低電位　turn the LED off by making the voltage LOW
	digitalWrite(Led6_Pin, LOW);　　// 將腳位 Blink_Led_Pin 設定為低電位　turn the LED off by making the voltage LOW
	digitalWrite(Led7_Pin, LOW);　　// 將腳位 Blink_Led_Pin 設定為低電位　turn the LED off by making the voltage LOW
	_digitalWrite(Led8_Pin, HIGH);_　// 將腳位 Blink_Led_Pin 設定為低電位　turn the LED off by making the voltage LOW
	delay(1000);　　　　//休息 1 秒 wait for a second
	}

在上表所示中，我們先看看流水燈範例程式中燈號動作的程式碼(紅色字、底線為主)，只有這個燈號動作的程式碼中，將腳位都設成高電位(HIGH)，其餘都是低電位(LOW)，如果我設一個燈號的變數，來讓系統知道目前所亮的燈號，或許就可以知道如何控制燈號

```
int NowLedOn = 0 ;
```

我們再透過迴圈來處理八個燈號，如下列程式：

```
for (int i =0 ; i < 8; i++)
    {


    }
```

然而我們並不知道在迴圈裡面，要亮哪個登，我們再將下表控制燈號亮與滅的if判斷式，加在迴圈程式裡。

表 12 控制燈號亮與滅

```
if (NowLedOn == i)
{
    digitalWrite(LedPins[i], HIGH);      // turn on Led
}
else
{
    digitalWrite(LedPins[i], LOW);       // turn off Led
}
```

我們發現，六十四行的程式簡化成四行，依樣達到相同效果。

我們將使用陣列與迴圈控制燈號程式，上傳到開發板進行測試。

表 13 使用陣列與迴圈控制燈號程式

使用陣列與迴圈控制燈號程式(W Water_light_Array_control_Led)
int LedPins[] = {4,5,6,7,8,9,10,11} ;

```
int LedPins[] = {4,5,6,7,8,9,10,11} ;
int NowLedOn = 0 ;
// the setup function runs once when you press reset or power the board
void setup() {
  // initialize digital pin Blink_Led_Pin as an output.
    for(int i=0; i <8 ; i++)
        {
                pinMode(LedPins[i], OUTPUT);        //定義 Blink_Led_Pin 為輸
出腳位
                digitalWrite(LedPins[i], LOW);        // 將腳位 Blink_Led_Pin 設定
```

為低電位   turn the LED off by making the voltage LOW
        }

}

// the loop function runs over and over again forever
void loop() {
        for (int i =0 ; i < 8; i++)
        {
                if (NowLedOn == i)
                {
                    digitalWrite(LedPins[i], HIGH);   // turn on Led
                }
                else
                {
                    digitalWrite(LedPins[i], LOW);   // turn off Led
                }

        }
}

程式下載：https://github.com/brucetsao/arduino_Programming_Trick

當然、如下圖所示，我們可以看到使用陣列與迴圈控制燈號程式結果畫面，。

圖 14 使用陣列與迴圈控制燈號程式結果畫面

整合燈號變動變數控制流水燈亮

我們發現，上圖中，程式正常執行，但是燈號只留在第一個燈，我們看看原來使用陣列與迴圈控制燈號程式，如下表所示，我們雖然使用了『NowLedOn』這個變數，來控制燈號所亮之處：

```
int NowLedOn = 0 ;
```

但是在使用陣列與迴圈控制燈號程之後所有用到『NowLedOn』這個變數的地方，卻沒有將『NowLedOn』這個變數值進行變動，難怪燈號會一直處在初始值『0』的地方。

我們所知道，在 Arduino 開發版程式設計的地方，在 Setup()區只會執行一次，而 loop()區則會不斷執行。(曹永忠, 許智誠, & 蔡英德, 2015a, 2015d, 2015e, 2015f,

2015g, 2015h, 2015i, 2015j; 曹永忠, 許智誠, et al., 2016i, 2016k)

所以我們如果將『NowLedOn』這個變數加在 loop()區，如下表所示

表 14 改變控制燈號變動變數

```
NowLedOn ++ ;
if (NowLedOn >=8)
    NowLedOn= 0 ;
```

我們將下表程式編譯完成後，上傳到開發板進行測試。

表 15 使用流水燈控制變數控制亮滅程式

```
使用流水燈控制變數控制亮滅程式(Water_light_Array_All)
int LedPins[] = {4,5,6,7,8,9,10,11} ;
int NowLedOn = 0 ;
// the setup function runs once when you press reset or power the board
void setup() {
  // initialize digital pin Blink_Led_Pin as an output.
    for(int i=0; i <8 ; i++)
        {
                pinMode(LedPins[i], OUTPUT);        //定義 Blink_Led_Pin 為輸
出腳位
                digitalWrite(LedPins[i], LOW);      // 將腳位 Blink_Led_Pin 設定
為低電位    turn the LED off by making the voltage LOW
        }

}

// the loop function runs over and over again forever
void loop() {
        for (int i =0 ; i < 8; i++)
            {
                if (NowLedOn == i)
                {
                    digitalWrite(LedPins[i], HIGH);     // turn on Led
                }
                else
                {
                    digitalWrite(LedPins[i], LOW);        // turn off Led
```

```
            }


        }
    NowLedOn ++ ;
    if (NowLedOn >=8)
        NowLedOn= 0 ;

}
```

當然、如下圖所示，我們可以看到使用流水燈控制變數控制亮滅程式結果畫面。

圖 15 使用流水燈控制變數控制亮滅程式結果畫面

加入延遲控制 Led 燈明滅

在上面使用流水燈控制變數控制亮滅程式結果畫面中，我們發現許多燈都亮起來了，由於我們肉眼所示，好像八個燈都同時亮起來，然而，這是肉眼視覺暫留的現象，由於 loop()區則會不斷執行，而執行速度太快，以至於我們看到好像八個燈都同時亮起來。

所以我們如果將『delay(1000)』這個變數加在 loop()區底層，來延遲閃滅的速度，如下表所示

表 16 加入延遲函式

delay(1000) ;

我們將下表程式編譯完成後，上傳到開發板進行測試。

表 17 使用流水燈控制變數控制亮滅程式完整版

使用流水燈控制變數控制亮滅程式完整版(Water_light_Array_All_OK)

```
int LedPins[] = {4,5,6,7,8,9,10,11} ;
int NowLedOn = 0 ;
// the setup function runs once when you press reset or power the board
void setup() {
  // initialize digital pin Blink_Led_Pin as an output.
    for(int i=0; i <8 ; i++)
        {
                pinMode(LedPins[i], OUTPUT);      //定義 Blink_Led_Pin 為輸
出腳位
                digitalWrite(LedPins[i], LOW);      // 將腳位 Blink_Led_Pin 設定
為低電位   turn the LED off by making the voltage LOW
        }

}

// the loop function runs over and over again forever
void loop() {
      for (int i =0 ; i < 8; i++)
          {
```

```
            if (NowLedOn == i)
            {
                digitalWrite(LedPins[i], HIGH);      // turn on Led
            }
            else
            {
                digitalWrite(LedPins[i], LOW);       // turn off Led
            }


        }
    NowLedOn ++ ;
    if (NowLedOn >=8)
        NowLedOn= 0 ;
        delay(1000) ;
}
```

程式下載：https://github.com/brucetsao/arduino_Programming_Trick

讀者也可以在作者 YouTube 頻道(https://www.youtube.com/user/UltimaBruce)中，
在網址 https://www.youtube.com/watch?v=cPxai727MZU&feature=youtu.be，看到本次實
驗-使用流水燈控制變數控制亮滅程式完整版結果畫面。

當然、如下圖所示，我們可以看到使用流水燈控制變數控制亮滅程式完整版結果
畫面。

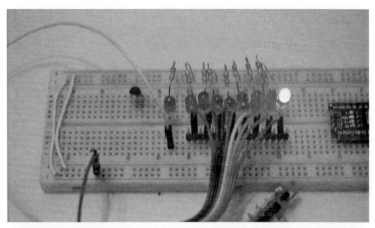

圖 16 使用流水燈控制變數控制亮滅程式完整版結果畫面

　　所以我們使用了『int LedPins[] = {4,5,6,7,8,9,10,11}；』這個陣列指令,宣告腳位
變數要使用的所有腳位,在使用『int NowLedOn = 0；』控制燈號閃滅位置,再透過
迴圈語法和 IF 判斷式控制明滅後,由於視覺暫留問題,再加入『 delay(1000)；』
讓肉眼可以辨識,我們發現,從本文開始的程式複雜度,到最後的程式精簡度,不
難看出,在多腳位控制方面,我們只要善用本文所用的技巧,不僅更方便,而且臭
蟲(Bugs)會更少,這是又是我們再攥寫 Arduino 程式時,常常使用的一個技巧。希
望讀者閱讀本文之後,可以學到這個技巧,並可以熟用這個技巧,在往後將會把程
式寫得更加穩定,系統更加龐大,複雜與功能強大,但臭蟲(Bugs)會更少。

章節小結

本文主要介紹之多個 GPIO 腳位使用時，使用在多腳位控制方面，我們只要善用本文所用的技巧，不僅更方便，而且臭蟲(Bugs)會更少，相信讀者會對陣列控制腳位變數方式寫作概念，有更進一步的了解與體認。

CHAPTER

加入使用者控制的技巧

在 Arduino 開發版程式設計之中，使用者的控制介入非常頻繁而且重要，所以本文介紹加入使用者按下按鈕來改變 GPIO 的使用非常常見，本文使用按鈕當成使用者與系統的介面，進行互動。

控制流水燈方向

首先，裝好 Arduino 之後，不會安裝的讀者，請參閱筆者拙作『Arduino 程式教學(基本語法篇):Arduino Programming (Language & Syntax)』(曹永忠, 許智誠, et al., 2016i, 2016k) ，先行安裝 Arduino IDE 開發環境 (軟體下載請到：https://www.arduino.cc/en/Main/Software)。

如下圖所示，這個實驗我們需要用到的實驗硬體有下圖.(a)的 Arduino Mega 2560、下圖.(b) USB 下載線、下圖.(c) Led 燈泡、下圖.(d) 220 歐姆電阻與下圖.(e) 按鈕模組：

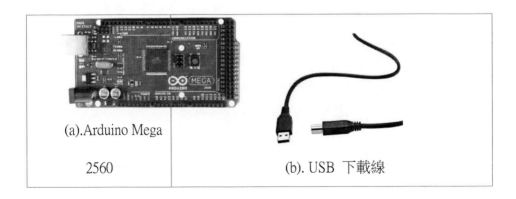

(a).Arduino Mega 2560

(b). USB 下載線

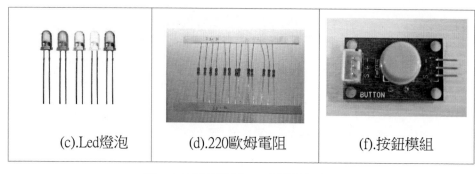

| (c).Led燈泡 | (d).220歐姆電阻 | (f).按鈕模組 |

圖 17 使用者控制 Led 所需材料表

讀者可以參考下圖所示之使用者控制 Led 電路圖,進行電路組立。

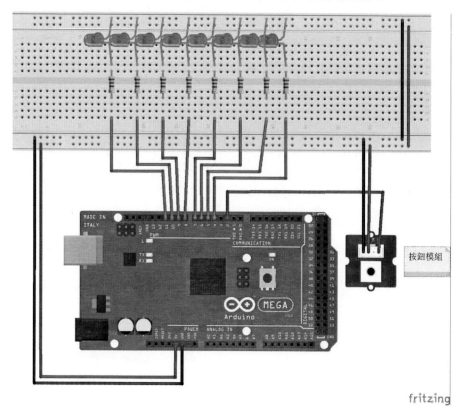

圖 18 使用者控制 Led 電路圖

讀者也可以參考下表之腳位說明,進行電路組立。

表 18 使用者控制 Led 接腳表

接腳	接腳說明	開發板接腳
1	麵包板 Vcc(紅線)	接電源正極(5V)
2	麵包板 GND(藍線)	接電源負極
3	220 歐姆電阻 A 端	開發板 digitalPin 4~11(D4~D11)
4	220 歐姆電阻 B 端	Led 燈泡(正極端)
5	Led 燈泡(正極端)	220 歐姆電阻 B 端
6	Led 燈泡(負極端)	麵包板 GND(藍線)

 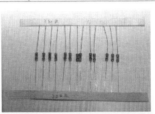

接腳	接腳說明	開發板接腳
1	Vcc(+)	接電源正極(5V)
2	GND(-)	接電源負極
3	Signal(S)	開發板 digitalPin 2(D2)

我們攥寫一段程式，如下表所示之使用者控制 Led 程式一，開發板接上 LED 燈之後，將程式編譯完成後，上傳到開發板進行測試。

表 19 使用者控制 Led 程式一

使用者控制 Led 程式一(Water_light_with_Button)

```
#define ButtonPin 2
int LedDirection = 1 ;
int LedPins[] = {4,5,6,7,8,9,10,11} ;
int NowLedOn = 0 ;
// the setup function runs once when you press reset or power the board
void setup() {
  // initialize digital pin Blink_Led_Pin as an output.
    pinMode(ButtonPin,INPUT) ;
    for(int i=0; i <8 ; i++)
        {
                pinMode(LedPins[i], OUTPUT);      //定義 Blink_Led_Pin 為輸
出腳位
                digitalWrite(LedPins[i], LOW);    // 將腳位 Blink_Led_Pin 設定
為低電位   turn the LED off by making the voltage LOW
        }

}

// the loop function runs over and over again forever
void loop() {
    int btnValue = digitalRead(ButtonPin) ;
    if (!btnValue)
            LedDirection   = LedDirection* (-1 );
    //   if
        for (int i =0 ; i < 8; i++)
        {
                if (NowLedOn == i)
                {
                    digitalWrite(LedPins[i], HIGH);     // turn on Led
                }
                else
                {
                    digitalWrite(LedPins[i], LOW);       // turn off Led
                }


        }
```

```
    if (LedDirection == 1)
       {
          NowLedOn ++ ;        //right side move
       }
       else
       {
          NowLedOn -- ;        //left side move

       }
   if (NowLedOn >=8)         // check right side
       NowLedOn= 0 ;
   if (NowLedOn < 0)         // check left side
       NowLedOn= 7 ;

       delay(1000) ;
}
```

程式下載：https://github.com/brucetsao/arduino_Programming_Trick

讀者也可以在作者 YouTube 頻道(https://www.youtube.com/user/UltimaBruce)中，
在網址 https://www.youtube.com/watch?v=NnwL-hBWnBc&feature=youtu.be ，看到本次
實驗-使用者控制 Led 程式一。

當然、如下圖所示，我們可以看到使用者控制 Led 程式一結果畫面，。

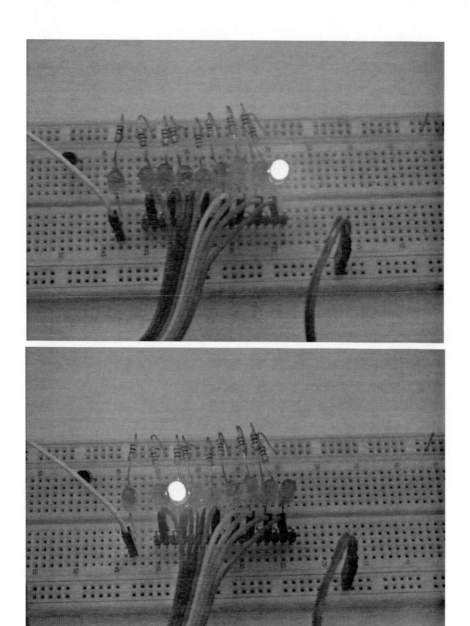

圖 19 使用者控制 Led 程式一結果畫面

解決按鈕不靈敏問題

在上文中，我們可以發現，雖然我們加入了控制程序，但是由於 Arduino 開發板，其程序是循序式的，所以雖然我們在中間加入了使用者程序，但是在整個程序中，他是屬於循序式的，所以當使用者要求改變程序動作時，還必須等待整個程序完成後，下一輪程序到使用者程序開始時，才可以開始改變動作內容為使用者所需要的內容，這樣對對使用者要求，並非即時。

所以本文要改進這個問題，我們使用硬體插斷來改進這樣問題，讀者也可以參考下表之腳位說明，進行電路組立。

表 20 使用者控制 Led 接腳表

接腳	接腳說明	開發板接腳
1	麵包板 Vcc(紅線)	接電源正極(5V)
2	麵包板 GND(藍線)	接電源負極
3	220 歐姆電阻 A 端	開發板 digitalPin 4~11(D4~D11)
4	220 歐姆電阻 B 端	Led 燈泡(正極端)
5	Led 燈泡(正極端)	220 歐姆電阻 B 端
6	Led 燈泡(負極端)	麵包板 GND(藍線)

接腳	接腳說明	開發板接腳
1	Vcc(+)	接電源正極(5V)
2	GND(-)	接電源負極
3	Signal(S)	開發板 digitalPin 2(D2)

　　讀者回頭看上表所示之使用者控制 Led 程式一，我們發現，關於 D2 這個腳位，連接按鈕模組的 singal 訊號端，當按鈕按下時，會送出*低電位*，此時我們透過 digitalRead(D2)去讀取值，但是讀取值在 loop()區塊，第一行，必須要將下面亮燈，熄燈的程式完成後，方能執行透過 digitalRead(D2)去讀取值。

　　這樣問題是

1. 如果按下按鈕時，正在熄燈、亮燈程序中，那按下動作便無法執行到

2. 如果讀取到值，要下次熄燈、亮燈程序後，方能更新反向熄燈、亮燈。

　　鑒於如此，我們使用硬體插斷方式(曹永忠, 許智誠, & 蔡英德, 2014; 曹永忠, 許智誠, & 蔡英德, 2014f, 2014g, 2014h, 2015b, 2015c; 曹永忠, 許智誠, et al., 2015d, 2015e, 2015g, 2015h, 2016i, 2016k)，來進行程式改寫：

　　所以我們使用了『const byte interruptPin = 2;』這個指令，來替代 D 2 的設定腳位變數，把程式開頭處加入：

```
const byte interruptPin = 2;
```

我們再 s etup()程式區，使用了『硬體插斷』這個技巧，把下表程式開頭處加入 s etup()程式區最下方：

```
  pinMode(interruptPin, INPUT_PULLUP);
  attachInterrupt(digitalPinToInterrupt(interruptPin), ButtonisPressed,
FALLING );
}
```

最後我們加入硬體插斷處裡函式：ButtonisPressed()

```
void ButtonisPressed()
{
    LedDirection    = LedDirection* (-1 );
}
```

其他地方都類似於使用者控制 Led 程式一的內容，將程式轉成如下表所示之使用者控制 Led 程式二，將程式編譯完成後，上傳到開發板進行測試。

表 21 使用者控制 Led 程式二

使用者控制 Led 程式二(Water_light_Button_int)

const byte interruptPin = 2;
int LedDirection = 1 ;
int LedPins[] = {4,5,6,7,8,9,10,11} ;
int NowLedOn = 0 ;
// the setup function runs once when you press reset or power the board
void setup() {
  // initialize digital pin Blink_Led_Pin as an output.
 	
  // pinMode(ButtonPin,INPUT) ;
  for(int i=0; i <8 ; i++)
      {
              pinMode(LedPins[i], OUTPUT);   //定義 Blink_Led_Pin 為輸出腳位
              digitalWrite(LedPins[i], LOW);   // 將腳位 Blink_Led_Pin 設定為低電位   turn the LED off by making the voltage LOW
      }
  pinMode(interruptPin, INPUT_PULLUP);

```arduino
    attachInterrupt(digitalPinToInterrupt(interruptPin), ButtonisPressed,
FALLING );
}


// the loop function runs over and over again forever
void loop() {
   // int btnValue = digitalRead(ButtonPin) ;
   //   if (!btnValue)
   //           LedDirection   = LedDirection* (-1 );
    //   if
        for (int i =0 ; i < 8; i++)
            {
                if (NowLedOn == i)
                {
                    digitalWrite(LedPins[i], HIGH);     // turn on Led
                }
                else
                {
                    digitalWrite(LedPins[i], LOW);       // turn off Led
                }



            }
            if (LedDirection == 1)
                {
                    NowLedOn ++ ;     //right side move
                }
                else
                {
                    NowLedOn -- ;        //left side move

                }
        if (NowLedOn >=8)          // check right side
              NowLedOn= 0 ;
        if (NowLedOn < 0)          // check left side
              NowLedOn= 7 ;

            delay(1000) ;
}
```

```
void ButtonisPressed()
{
    LedDirection   = LedDirection* (-1 );
}
```

程式下載：https://github.com/brucetsao/arduino_Programming_Trick

讀者也可以在作者 YouTube 頻道(https://www.youtube.com/user/UltimaBruce)中，在網址 https://www.youtube.com/watch?v=Kbj_DLyvOa8&feature=youtu.be ，看到本次實驗-使用者控制 Led 程式二結果畫面。

當然、如下圖所示，我們可以看到使用者控制 Led 程式二結果畫面，。

圖 20 使用者控制 Led 程式二結果畫面

使用硬體插斷的好處

我們使用了『硬體插斷』這個技巧,並把實體按鈕的訊號輸出當成硬體插斷的觸發,透過硬體插斷執行函式來產生方向變數的變更,加快了使用者快速、有效的反應,並這樣的技巧,讓程式更加簡潔、方便。

硬體插斷這個技巧,這是又是我們再攥寫 Arduino 程式時,常常使用的一個技巧。希望讀者閱讀本文之後,可以學到這個技巧,並可以熟用這個技巧,在往後將會把程式寫得更加穩定,系統更加龐大,複雜與功能強大,但臭蟲(Bugs)會更少。

章節小結

　　本文主要介紹之使用者透過硬體產生訊號，來當為使用者輸入，由於程式攥寫問題，我們最後使用硬體插斷方式來攥寫系統，不但加快了使用者快速、有效的反應，並這樣的技巧，讓程式更加簡潔、方便，也讓程式更加穩固與方便改寫與變動，透過本文的解說，相信讀者會對硬體插斷方式寫作概念，有更進一步的了解與體認。

CHAPTER

儲存預設值的技巧

在多腳位定義的技巧一文(曹永忠, 2016c; 曹永忠, 吳佳駿, 許智誠, & 蔡英德, 2017c; 曹永忠, 郭晉魁, 吳佳駿, 許智誠, & 蔡英德, 2016, 2017a, 2017b)，我們使用陣列來控制多腳位的腳位資訊，不但解決腳位變動，也使整個程式彈性更加順暢，但是我們發現如果整個系統重置，則所有資料也會重新初始化，而這樣所有狀態都會重新開始。有時候，我們需要所有程式能夠記住程式執行狀態，所以我們使用了EEPROM的觀念(曹永忠, 2016b; 曹永忠, 許智诚, et al., 2014; 曹永忠, 許智誠, & 蔡英德, 2014a, 2014b, 2014c, 2014d, 2014e, 2016g, 2016h; 曹永忠, 許碩芳, 許智誠, & 蔡英德, 2015a, 2015b)，將執行狀態隨時儲存起來，這樣就可以在當機重置或重置時，可以恢復上次執行狀態。

本文內容希望透過筆者的經驗，一步一步分享筆者解決這樣問題的經驗，透過這樣練習，讓讀者可以養成正確有效的寫作習慣，避免往後無所謂的臭蟲(Bugs)產生。

EEPROM 簡介

Arduino 板子上的單晶片都內建了 EEPROM，Arduino 提供了 EEPROM Library 讓讀寫 EEPROM 這件事變得很簡單。Arduino 開發板不同版本的 EEPROM 容量是不一樣的: ATmega328 是 1024 bytes, ATmega168 和 ATmega8 是 512 bytes，而 ATmega1280 和 ATmega2560 是 4KB (4096 bytes)。

除此之外，一般 EEPROM 還是有寫入次數的限制，一般 Arduino 開發板的 EEPROM ，每一個位址大約只能寫入 10 萬次，在使用的時候，最好盡量公平對待 EEPROM 的每一塊位址空間，不要對某塊位址空間不斷的重覆寫入，因為如果你頻繁地使用固定的一塊位址空間，那麼該塊位址空間可能很快就達到 10 萬次的壽命，所以快速、反覆性、高頻率的寫入的程式儘量避免使用 EEPROM。

EEPROM 簡單測試

下列我們將攥寫電子式可擦拭唯讀記憶體(EEPROM) 測試程式，將下表所示之電子式可擦拭唯讀記憶體測試程式寫好之後，透過 Sketch 上傳到 Arduino 開發板上，如下圖所示，可以見到資料可以寫入與被讀取。

表 22 電子式可擦拭唯讀記憶體測試程式

電子式可擦拭唯讀記憶體測試程式(EEPROM01)

```
#include <EEPROM.h>

int address = 20;
int val ;

void setup() {
    Serial.begin(9600);

    // 在 address = 20 上寫入數值 120
    EEPROM.write(address, 120);

    // 讀取 address =20 上的內容
    val = EEPROM.read(address);


    Serial.print(val,DEC);   //  十進位為印出 val
    Serial.print("/");
    Serial.print(val,HEX);   //  十六進位為印出 val
    Serial.println("");
}

void loop() {
}
```

程式下載：https://github.com/brucetsao/arduino Programming Trick

圖 21 電子式可擦拭唯讀記憶體測試程式執行畫面

EEPROM 函數用法

為了更能了解 EEPROM 函數的用法，本節詳細介紹了 EEPROM 函數主要的用

法：

1.   直接使用 EEPROM 物件

2.   需先使用 include 指令將下列 include 檔含入：

● #include < EEPROM.h>

EEPROM.read(address)

讀取位址：address 的資料內容，並以 byte 資料型態回傳(0~255)

EEPROM.write(address , data)

寫入位址：address，data 的內容，data 的內容以 byte 資料型態傳入(0~255)

EEPROM 24C08

上面我們談到 Arduino 開發板內部的 EEPROM，如果我們發現不夠記憶體，希望擴充額外的 EEPROM，我們可以使用下圖所示之 AT24C08_EEPROM 模組，所以我們需要使用額外的 Arduino 函式庫，讀者有空可以到作者的 Github 網站 (https://github.com/brucetsao)，可以在 Github 網址：https://github.com/brucetsao/LIB_for_MCU/tree/master/Arduino_Lib/libraries，下載該函式庫，在參考本書進行 Arduino 開發板的函式庫安裝。

下列我們將攥寫電子式可擦拭唯讀記憶體(EEPROM) 測試程式，將下表所示之電子式可擦拭唯讀記憶體測試程式寫好之後，透過 Sketch 上傳到 Arduino 開發板上，可以在圖 23 見到可以讀取 24C08 EEPROM IC。

圖 22 AT24C08_EEPROM 模組

表 23 I²C 電子式可擦拭唯讀記憶體測試程式

I²C 電子式可擦拭唯讀記憶體測試程式(I2C_eeprom_test)
//

---

[1] 想要更了解直接驅動 24C08~24C256 EEPROM，可以參考網址：

http://www.hobbytronics.co.uk/arduino-external-eeprom

I²C 電子式可擦拭唯讀記憶體測試程式(I2C_eeprom_test)

```
//      FILE: I2C_eeprom_test.ino
//    AUTHOR: Rob Tillaart
// VERSION: 0.1.08
// PURPOSE: show/test I2C_EEPROM library
//

#include <Wire.h> //I2C library
#include <I2C_eeprom.h>

// UNO
#define SERIAL_OUT Serial
// Due
// #define SERIAL_OUT SerialUSB

I2C_eeprom ee(0x50);

uint32_t start, diff, totals = 0;

void setup()
{
  ee.begin();

  SERIAL_OUT.begin(9600);
  while (!SERIAL_OUT); // wait for SERIAL_OUT port to connect. Needed for
Leonardo only

  SERIAL_OUT.print("Demo I2C eeprom library ");
  SERIAL_OUT.print(I2C_EEPROM_VERSION);
  SERIAL_OUT.println("\n");

  SERIAL_OUT.println("\nTEST: determine size");
  start = micros();
  int size = ee.determineSize();
  diff = micros() - start;
  SERIAL_OUT.print("TIME: ");
  SERIAL_OUT.println(diff);
  if (size > 0)
  {
```

```
    SERIAL_OUT.print("SIZE: ");
    SERIAL_OUT.print(size);
    SERIAL_OUT.println(" KB");
  } else if (size = 0)
  {
    SERIAL_OUT.println("WARNING: Can't determine eeprom size");
  }
  else
  {
    SERIAL_OUT.println("ERROR: Can't find eeprom\nstopped...");
    while(1);
  }
```

```
  SERIAL_OUT.println("\nTEST: 64 byte page boundary writeBlock");
  ee.setBlock(0, 0, 128);
  dumpEEPROM(0, 128);
  char data[] = "11111111111111111111";
  ee.writeBlock(60, (uint8_t*) data, 10);
  dumpEEPROM(0, 128);
```

```
  SERIAL_OUT.println("\nTEST: 64 byte page boundary setBlock");
  ee.setBlock(0, 0, 128);
  dumpEEPROM(0, 128);
  ee.setBlock(60, '1', 10);
  dumpEEPROM(0, 128);
```

```
  SERIAL_OUT.println("\nTEST: 64 byte page boundary readBlock");
  ee.setBlock(0, 0, 128);
  ee.setBlock(60, '1', 6);
  dumpEEPROM(0, 128);
  char ar[100];
  memset(ar, 0, 100);
  ee.readBlock(60, (uint8_t*)ar, 10);
  SERIAL_OUT.println(ar);
```

```
SERIAL_OUT.println("\nTEST: write large string readback in small steps");
ee.setBlock(0, 0, 128);
char data2[] =
"00000000001111111111222222222233333333334444444444555555555566
6666666777777777788888888889999999999A";
ee.writeBlock(10, (uint8_t *) &data2, 100);
dumpEEPROM(0, 128);
for (int i = 0; i < 100; i++)
{
    if (i % 10 == 0 ) SERIAL_OUT.println();
    SERIAL_OUT.print(' ');
    SERIAL_OUT.print(ee.readByte(10+i));
}
SERIAL_OUT.println();


SERIAL_OUT.println("\nTEST: check almost endofPage writeBlock");
ee.setBlock(0, 0, 128);
char data3[] = "6666";
ee.writeBlock(60, (uint8_t *) &data3, 2);
dumpEEPROM(0, 128);

// SERIAL_OUT.println();
// SERIAL_OUT.print("\nI2C speed:\t");
// SERIAL_OUT.println(16000/(16+2*TWBR));
// SERIAL_OUT.print("TWBR:\t");
// SERIAL_OUT.println(TWBR);
// SERIAL_OUT.println();

totals = 0;
SERIAL_OUT.print("\nTEST: timing writeByte()\t");
uint32_t start = micros();
ee.writeByte(10, 1);
uint32_t diff = micros() - start;
SERIAL_OUT.print("TIME: ");
SERIAL_OUT.println(diff);
totals += diff;
```

I²C 電子式可擦拭唯讀記憶體測試程式(I2C_eeprom_test)

```
SERIAL_OUT.print("TEST: timing writeBlock(50)\t");
start = micros();
ee.writeBlock(10, (uint8_t *) &data2, 50);
diff = micros() - start;
SERIAL_OUT.print("TIME: ");
SERIAL_OUT.println(diff);
totals += diff;

SERIAL_OUT.print("TEST: timing readByte()\t\t");
start = micros();
ee.readByte(10);
diff = micros() - start;
SERIAL_OUT.print("TIME: ");
SERIAL_OUT.println(diff);
totals += diff;

SERIAL_OUT.print("TEST: timing readBlock(50)\t");
start = micros();
ee.readBlock(10, (uint8_t *) &data2, 50);
diff = micros() - start;
SERIAL_OUT.print("TIME: ");
SERIAL_OUT.println(diff);
totals += diff;

SERIAL_OUT.print("TOTALS: ");
SERIAL_OUT.println(totals);
totals = 0;

// same tests but now with a 5 millisec delay in between.
delay(5);

SERIAL_OUT.print("\nTEST: timing writeByte()\t");
start = micros();
ee.writeByte(10, 1);
diff = micros() - start;
SERIAL_OUT.print("TIME: ");
SERIAL_OUT.println(diff);
totals += diff;
```

```
delay(5);

SERIAL_OUT.print("TEST: timing writeBlock(50)\t");
start = micros();
ee.writeBlock(10, (uint8_t *) &data2, 50);
diff = micros() - start;
SERIAL_OUT.print("TIME: ");
SERIAL_OUT.println(diff);
totals += diff;

delay(5);

SERIAL_OUT.print("TEST: timing readByte()\t\t");
start = micros();
ee.readByte(10);
diff = micros() - start;
SERIAL_OUT.print("TIME: ");
SERIAL_OUT.println(diff);
totals += diff;

delay(5);

SERIAL_OUT.print("TEST: timing readBlock(50)\t");
start = micros();
int xx = ee.readBlock(10, (uint8_t *) &data2, 50);
diff = micros() - start;
SERIAL_OUT.print("TIME: ");
SERIAL_OUT.println(diff);
totals += diff;

SERIAL_OUT.print("TOTALS: ");
SERIAL_OUT.println(totals);
totals = 0;

// does it go well?
SERIAL_OUT.println(xx);
```

```
  SERIAL_OUT.println("\tDone...");
}


void loop()
{
}


void dumpEEPROM(uint16_t memoryAddress, uint16_t length)
{
  // block to 10
  memoryAddress = memoryAddress / 10 * 10;
  length = (length + 9) / 10 * 10;

  byte b = ee.readByte(memoryAddress);
  for (int i = 0; i < length; i++)
  {
    if (memoryAddress % 10 == 0)
    {
      SERIAL_OUT.println();
      SERIAL_OUT.print(memoryAddress);
      SERIAL_OUT.print(":\t");
    }
    SERIAL_OUT.print(b);
    b = ee.readByte(++memoryAddress);
    SERIAL_OUT.print("   ");
  }
  SERIAL_OUT.println();
}
// END OF FILE
```

程式下載：https://github.com/brucetsao/arduino_Programming_Trick

圖 23 I²C 電子式可擦拭唯讀記憶體測試程式執行畫面

流水燈動作儲存

　　首先，裝好 Arduino 之後，不會安裝的讀者，請參閱筆者拙作『Arduino 程式教學(基本語法篇):Arduino Programming (Language & Syntax)』(曹永忠, 許智誠, et al., 2016i, 2016k)，先行安裝 Arduino IDE 開發環境(軟體下載請到：https://www.arduino.cc/en/Main/Software)。

　　如下圖所示，這個實驗我們需要用到的實驗硬體有下圖.(a)的 Arduino Mega 2560、下圖.(b) USB 下載線、下圖.(c) Led 燈泡、下圖.(d) 220 歐姆電阻：

(a).Arduino Mega 2560

(b). USB 下載線

 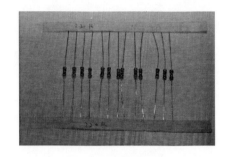

(c).Led燈泡   (d).220歐姆電阻

圖 24 8 LED 測試所需材料表

讀者可以參考下圖所示之 LED 測試連接電路圖，進行流水燈電路組立。

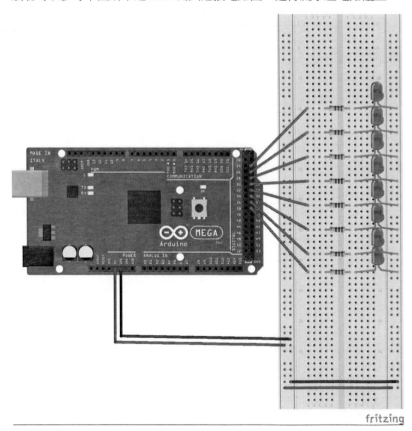

圖 25 流水燈連接電路圖

讀者也可以參考下表之腳位說明，進行電路組立。

表 24 8 Led 測試接腳表

接腳	接腳說明	開發板接腳
1	麵包板 Vcc(紅線)	接電源正極(5V)
	麵包板 GND(藍線)	接電源負極
3	220 歐姆電阻 A 端	開發板 digitalPin 25~39(D25~D39)
4	220 歐姆電阻 B 端	Led 燈泡(正極端)
5	Led 燈泡(正極端)	220 歐姆電阻 B 端
6	Led 燈泡(負極端)	麵包板 GND(藍線)

讀者開啟 Arduino IDE 開發環境後，我們攥寫一段程式，如下表所示之儲存狀

態之流水燈程式，開發板接上八組 LED 燈之後，將程式編譯完成後，上傳到開發
板進行測試。

表 25 儲存狀態之流水燈程式

儲存狀態之流水燈程式(Water_light_toFlashMemory)

```
void initPins() ;
#include <EEPROM.h>
#define ControlAddress 20


int LedPins[] = {25,27,29,31,33,35,37,39} ;
int NowLedOn = 0 ;
#define LedCount 8
// the setup function runs once when you press reset or power the board
void setup()
{
  Serial.begin(9600);
  // initialize digital pin Blink_Led_Pin as an output.
    initPins() ;
}


// the loop function runs over and over again forever
void loop()
{
      for (int i =0 ; i < 8; i++)
        {
            if (NowLedOn == i)
            {
              digitalWrite(LedPins[i], HIGH);     // turn on Led
            }
            else
            {
              digitalWrite(LedPins[i], LOW);     // turn off Led
            }


        }
    NowLedOn ++ ;
```

```
        if (NowLedOn >=8)
          {
              NowLedOn= 0 ;
          }
            delay(1000) ;
        EEPROM.write(ControlAddress, 255);
        EEPROM.write(ControlAddress+1, NowLedOn);
        if (EEPROM.read(ControlAddress) == 255)
        {
                  Serial.println("Now is Marked Status Data Stored") ;
                  Serial.print("Position data is :(") ;
                  Serial.print(EEPROM.read(ControlAddress+1)) ;
                  Serial.print(")\n") ;
            }
}
void initPins()
{
      for(int i=0; i <LedCount ; i++)
          {
                  pinMode(LedPins[i], OUTPUT);        //定義 Blink_Led_Pin 為輸
出腳位
                  digitalWrite(LedPins[i], LOW);       // 將腳位 Blink_Led_Pin 設定
為低電位   turn the LED off by making the voltage LOW
          }

}
```

程式下載：https://github.com/brucetsao/arduino_Programming_Trick

當然、如下圖所示，我們可以看到儲存狀態之流水燈程式結果畫面，。

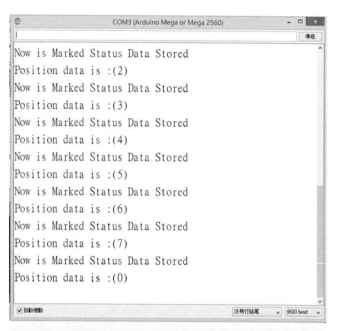

Now is Marked Status Data Stored
Position data is :(2)
Now is Marked Status Data Stored
Position data is :(3)
Now is Marked Status Data Stored
Position data is :(4)
Now is Marked Status Data Stored
Position data is :(5)
Now is Marked Status Data Stored
Position data is :(6)
Now is Marked Status Data Stored
Position data is :(7)
Now is Marked Status Data Stored
Position data is :(0)

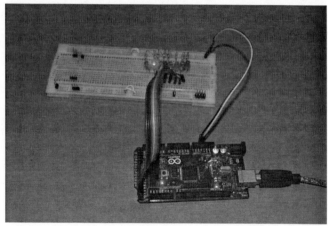

圖 26 儲存狀態之流水燈程式結果畫面

取出狀態資料

首先，裝好 Arduino 之後，不會安裝的讀者，請參閱筆者拙作『Arduino 程式
教學(基本語法篇):Arduino Programming (Language & Syntax)』(曹永忠, 許智誠, et al.,

2016i, 2016k)，先行安裝 Arduino IDE 開發環境(軟體下載請到：
https://www.arduino.cc/en/Main/Software)。

如下圖所示，這個實驗我們需要用到的實驗硬體有下圖.(a)的 Arduino Mega
2560、下圖.(b) USB 下載線、下圖.(c) Led 燈泡、下圖.(d) 220 歐姆電阻：

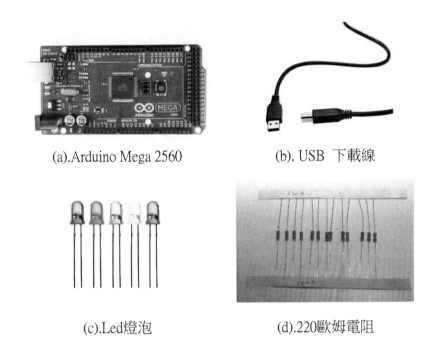

(a).Arduino Mega 2560   (b). USB 下載線

(c).Led燈泡   (d).220歐姆電阻

圖 27 8 LED 測試所需材料表

讀者可以參考下圖所示之 LED 測試連接電路圖，進行流水燈電路組立。

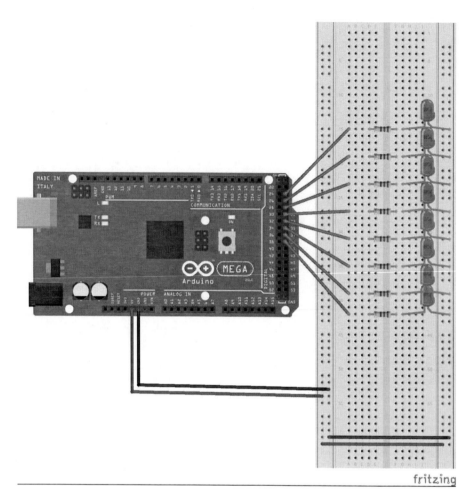

圖 28 流水燈連接電路圖

讀者也可以參考下表之腳位說明，進行電路組立。

表 26 8 Led 測試接腳表

接腳	接腳說明	開發板接腳
1	麵包板 Vcc(紅線)	接電源正極(5V)
	麵包板 GND(藍線)	接電源負極

接腳	接腳說明	開發板接腳
3	220 歐姆電阻 A 端	開發板 digitalPin 25~39(D25~D39)
4	220 歐姆電阻 B 端	Led 燈泡(正極端)
5	Led 燈泡(正極端)	220 歐姆電阻 B 端
6	Led 燈泡(負極端)	麵包板 GND(藍線)

讀者開啟 Arduino IDE 開發環境後，我們攥寫一段程式，如下表所示之將儲存狀態資料還原狀態之流水燈程式，開發板接上八組 LED 燈之後，將程式編譯完成後，上傳到開發板進行測試。

表 27 將儲存狀態資料還原狀態之流水燈程式

將儲存狀態資料還原狀態之流水燈程式(Water_light_fromFlashMemory)
void initPins() ;

```
#include <EEPROM.h>
#define ControlAddress 20

int LedPins[] = {25,27,29,31,33,35,37,39} ;
int NowLedOn = 0 ;
#define LedCount 8
// the setup function runs once when you press reset or power the board
void setup()
{
  Serial.begin(9600);
  // initialize digital pin Blink_Led_Pin as an output.
    initPins() ;
      if (EEPROM.read(ControlAddress) == 255)
          {
                    Serial.println("Status Data Stored and Retrive from
Memory") ;
                  Serial.print("Position data is :(") ;
                NowLedOn =   EEPROM.read(ControlAddress+1) ;
              Serial.print(NowLedOn) ;
              Serial.print(")\n") ;
          }
}

// the loop function runs over and over again forever
void loop()
{
        for (int i =0 ; i < 8; i++)
          {
                if (NowLedOn == i)
                {
                   digitalWrite(LedPins[i], HIGH);    // turn on Led
                }
                else
                {
                   digitalWrite(LedPins[i], LOW);    // turn off Led
                }


          }
```

```
        NowLedOn ++ ;
        if (NowLedOn >=8)
          {
              NowLedOn= 0 ;
          }
           delay(1000) ;
        EEPROM.write(ControlAddress, 255);
        EEPROM.write(ControlAddress+1, NowLedOn);
}
void initPins()
{
      for(int i=0; i <LedCount ; i++)
          {
                  pinMode(LedPins[i], OUTPUT);        //定義 Blink_Led_Pin 為輸
出腳位
                  digitalWrite(LedPins[i], LOW);        // 將腳位 Blink_Led_Pin 設定
為低電位   turn the LED off by making the voltage LOW
          }

}
```

程式下載：https://github.com/brucetsao/arduino_Programming_Trick

當然、如下圖所示，我們可以看到將儲存狀態資料還原狀態之流水燈程式結果

畫面，。

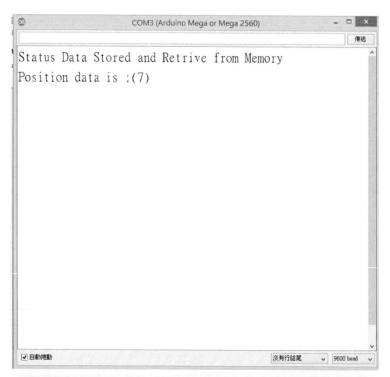

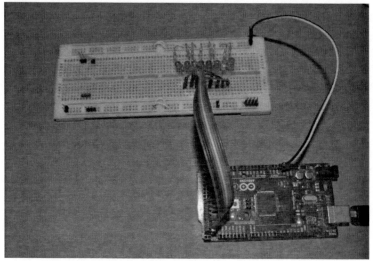

圖 29 將儲存狀態資料還原狀態之流水燈程式結果畫面

使用儲存預設值的之後好處

所以我們使用了『EEPROM』這個機制，隨時將狀態存入非揮發性記憶體之中，在遭遇到錯誤後，或當機情形而重置開機後，還是可以在相同狀態執行，對於產業上運用，具有相當的實務價值。如此技巧，不僅更方便，而且臭蟲(Bugs)會更少，這是又是我們再攥寫 Arduino 程式時，常常使用的一個技巧。希望讀者閱讀本文之後，可以學到這個技巧，並可以熟用這個技巧，在往後將會把程式寫得更加穩定，系統更加龐大，複雜與功能強大，但系統會更加強健

章節小結

本文主要介紹之使用了『EEPROM』這個機制，隨時將狀態存入非揮發性記憶體之中，讓程式遭遇當機情形而重置開機後，還是可以在相同狀態執行，相信讀者會對 EEPROM 寫作概念，有更進一步的了解與體認。

CHAPTER

大量感測資料內存技巧

　　有時候我們並沒有將裝置的資料,即時儲存到網際網路之雲端資料庫或企業資料庫系統之中,在許多場合,我們可能需要保存感測器資料,這時候大量感測資料內存技巧就派得上用場,雖然目前網際網路隨處都有,但是大量感測資料內存技巧仍存在許多產業界的系統當中。

　　本文內容希望透過筆者的經驗,一步一步分享筆者解決這樣問題的經驗,透過這樣練習,讓讀者可以養成正確有效的寫作習慣,避免往後無所謂的臭蟲(Bugs)產生。

EEPROM 簡介

　　Arduino 板子上的單晶片都內建了 EEPROM,Arduino 提供了 EEPROM Library 讓讀寫 EEPROM 這件事變得很簡單。Arduino 開發板不同版本的 EEPROM 容量是不一樣的: ATmega328 是 1024 bytes, ATmega168 和 ATmega8 是 512 bytes,而 ATmega1280 和 ATmega2560 是 4KB (4096 bytes)。

　　除此之外,一般 EEPROM 還是有寫入次數的限制,一般 Arduino 開發板的 EEPROM ,每一個位址大約只能寫入 10 萬次,在使用的時候,最好盡量公平對待 EEPROM 的每一塊位址空間,不要對某塊位址空間不斷的重覆寫入,因為如果你頻繁地使用固定的一塊位址空間,那麼該塊位址空間可能很快就達到 10 萬次的壽命,所以快速、反覆性、高頻率的寫入的程式儘量避免使用 EEPROM。

EEPROM 簡單測試

　　下列我們將攥寫電子式可擦拭唯讀記憶體(EEPROM) 測試程式,將下表所示之電子式可擦拭唯讀記憶體測試程式寫好之後，透過 Sketch 上傳到 Arduino 開發板上，如下圖所示，可以見到資料可以寫入與被讀取。

表 28 電子式可擦拭唯讀記憶體測試程式

電子式可擦拭唯讀記憶體測試程式(EEPROM01)
| ```
#include <EEPROM.h>

int address = 20;
int val ;

void setup() {
  Serial.begin(9600);

  // 在  address = 20  上寫入數值 120
  EEPROM.write(address, 120);

  // 讀取  address =20  上的內容
  val = EEPROM.read(address);


  Serial.print(val,DEC);   //   十進位為印出  val
  Serial.print("/");
  Serial.print(val,HEX);   //   十六進位為印出  val
  Serial.println("");
}

void loop() {
}
``` |

程式下載：https://github.com/brucetsao/arduino_Programming_Trick
```

圖 30 電子式可擦拭唯讀記憶體測試程式執行畫面

EEPROM 函數用法

為了更能了解 EEPROM 函數的用法，本節詳細介紹了 EEPROM 函數主要的用法：

3. 直接使用 EEPROM 物件

4. 需先使用 include 指令將下列 include 檔含入：

- #include < EEPROM.h>

EEPROM.read(address)
讀取位址：address 的資料內容，並以 byte 資料型態回傳(0~255)

EEPROM.write(address , data)

寫入位址：address，data 的內容，data 的內容以 byte 資料型態傳入(0~255)

EEPROM EEPROM 24C08

上面我們談到 Arduino 開發板內部的 EEPROM，如果我們發現不夠記憶體，希望擴充額外的 EEPROM，我們可以使用下圖所示之 AT24C08_EEPROM[2]模組，所以我們需要使用額外的 Arduino 函式庫，讀者有空可以到作者的 Github 網站 (https://github.com/brucetsao)，可以在 Github 網址：https://github.com/brucetsao/LIB_for_MCU/tree/master/Arduino_Lib/libraries，下載該函式庫，在參考本書進行 Arduino 開發板的函式庫安裝。

下列我們將攥寫電子式可擦拭唯讀記憶體(EEPROM) 測試程式，將下表所示之電子式可擦拭唯讀記憶體測試程式寫好之後，透過 Sketch 上傳到 Arduino 開發板上，可以在圖 23 見到可以讀取 24C08 EEPROM IC。

圖 31 AT24C08_EEPROM 模組

---

[2] 想要更了解直接驅動 24C08~24C256 EEPROM，可以參考網址：

http://www.hobbytronics.co.uk/arduino-external-eeprom

表 29 I²C 電子式可擦拭唯讀記憶體測試程式

I²C 電子式可擦拭唯讀記憶體測試程式(I2C_eeprom_test)

```
//
//     FILE: I2C_eeprom_test.ino
//   AUTHOR: Rob Tillaart
// VERSION: 0.1.08
// PURPOSE: show/test I2C_EEPROM library
//

#include <Wire.h> //I2C library
#include <I2C_eeprom.h>

// UNO
#define SERIAL_OUT Serial
// Due
// #define SERIAL_OUT SerialUSB

I2C_eeprom ee(0x50);

uint32_t start, diff, totals = 0;

void setup()
{
  ee.begin();

  SERIAL_OUT.begin(9600);
  while (!SERIAL_OUT); // wait for SERIAL_OUT port to connect. Needed for
Leonardo only

  SERIAL_OUT.print("Demo I2C eeprom library ");
  SERIAL_OUT.print(I2C_EEPROM_VERSION);
  SERIAL_OUT.println("\n");

  SERIAL_OUT.println("\nTEST: determine size");
  start = micros();
  int size = ee.determineSize();
  diff = micros() - start;
  SERIAL_OUT.print("TIME: ");
  SERIAL_OUT.println(diff);
```

I²C 電子式可擦拭唯讀記憶體測試程式(I2C_eeprom_test)

```
if (size > 0)
{
  SERIAL_OUT.print("SIZE: ");
  SERIAL_OUT.print(size);
  SERIAL_OUT.println(" KB");
} else if (size = 0)
{
  SERIAL_OUT.println("WARNING: Can't determine eeprom size");
}
else
{
  SERIAL_OUT.println("ERROR: Can't find eeprom\nstopped...");
  while(1);
}


SERIAL_OUT.println("\nTEST: 64 byte page boundary writeBlock");
ee.setBlock(0, 0, 128);
dumpEEPROM(0, 128);
char data[] = "11111111111111111111";
ee.writeBlock(60, (uint8_t*) data, 10);
dumpEEPROM(0, 128);


SERIAL_OUT.println("\nTEST: 64 byte page boundary setBlock");
ee.setBlock(0, 0, 128);
dumpEEPROM(0, 128);
ee.setBlock(60, '1', 10);
dumpEEPROM(0, 128);


SERIAL_OUT.println("\nTEST: 64 byte page boundary readBlock");
ee.setBlock(0, 0, 128);
ee.setBlock(60, '1', 6);
dumpEEPROM(0, 128);
char ar[100];
memset(ar, 0, 100);
ee.readBlock(60, (uint8_t*)ar, 10);
SERIAL_OUT.println(ar);
```

```
    SERIAL_OUT.println("\nTEST: write large string readback in small steps");
    ee.setBlock(0, 0, 128);
    char data2[] =
"000000000011111111111222222222223333333333444444444455555555556666
666666677777777778888888888999999999A";
    ee.writeBlock(10, (uint8_t *) &data2, 100);
    dumpEEPROM(0, 128);
    for (int i = 0; i < 100; i++)
    {
        if (i % 10 == 0 ) SERIAL_OUT.println();
        SERIAL_OUT.print(' ');
        SERIAL_OUT.print(ee.readByte(10+i));
    }
    SERIAL_OUT.println();


    SERIAL_OUT.println("\nTEST: check almost endofPage writeBlock");
    ee.setBlock(0, 0, 128);
    char data3[] = "6666";
    ee.writeBlock(60, (uint8_t *) &data3, 2);
    dumpEEPROM(0, 128);

//  SERIAL_OUT.println();
//  SERIAL_OUT.print("\nI2C speed:\t");
//  SERIAL_OUT.println(16000/(16+2*TWBR));
//  SERIAL_OUT.print("TWBR:\t");
//  SERIAL_OUT.println(TWBR);
//  SERIAL_OUT.println();

    totals = 0;
    SERIAL_OUT.print("\nTEST: timing writeByte()\t");
    uint32_t start = micros();
    ee.writeByte(10, 1);
    uint32_t diff = micros() - start;
    SERIAL_OUT.print("TIME: ");
    SERIAL_OUT.println(diff);
```

```
  totals += diff;

  SERIAL_OUT.print("TEST: timing writeBlock(50)\t");
  start = micros();
  ee.writeBlock(10, (uint8_t *) &data2, 50);
  diff = micros() - start;
  SERIAL_OUT.print("TIME: ");
  SERIAL_OUT.println(diff);
  totals += diff;

  SERIAL_OUT.print("TEST: timing readByte()\t\t");
  start = micros();
  ee.readByte(10);
  diff = micros() - start;
  SERIAL_OUT.print("TIME: ");
  SERIAL_OUT.println(diff);
  totals += diff;

  SERIAL_OUT.print("TEST: timing readBlock(50)\t");
  start = micros();
  ee.readBlock(10, (uint8_t *) &data2, 50);
  diff = micros() - start;
  SERIAL_OUT.print("TIME: ");
  SERIAL_OUT.println(diff);
  totals += diff;

  SERIAL_OUT.print("TOTALS: ");
  SERIAL_OUT.println(totals);
  totals = 0;

  // same tests but now with a 5 millisec delay in between.
  delay(5);

  SERIAL_OUT.print("\nTEST: timing writeByte()\t");
  start = micros();
  ee.writeByte(10, 1);
  diff = micros() - start;
  SERIAL_OUT.print("TIME: ");
```

```
    SERIAL_OUT.println(diff);
    totals += diff;

    delay(5);

    SERIAL_OUT.print("TEST: timing writeBlock(50)\t");
    start = micros();
    ee.writeBlock(10, (uint8_t *) &data2, 50);
    diff = micros() - start;
    SERIAL_OUT.print("TIME: ");
    SERIAL_OUT.println(diff);
    totals += diff;

    delay(5);

    SERIAL_OUT.print("TEST: timing readByte()\t\t");
    start = micros();
    ee.readByte(10);
    diff = micros() - start;
    SERIAL_OUT.print("TIME: ");
    SERIAL_OUT.println(diff);
    totals += diff;

    delay(5);

    SERIAL_OUT.print("TEST: timing readBlock(50)\t");
    start = micros();
    int xx = ee.readBlock(10, (uint8_t *) &data2, 50);
    diff = micros() - start;
    SERIAL_OUT.print("TIME: ");
    SERIAL_OUT.println(diff);
    totals += diff;

    SERIAL_OUT.print("TOTALS: ");
    SERIAL_OUT.println(totals);
    totals = 0;

    // does it go well?
```

I²C 電子式可擦拭唯讀記憶體測試程式(I2C_eeprom_test)

```
    SERIAL_OUT.println(xx);

    SERIAL_OUT.println("\tDone...");
}

void loop()
{
}

void dumpEEPROM(uint16_t memoryAddress, uint16_t length)
{
    // block to 10
    memoryAddress = memoryAddress / 10 * 10;
    length = (length + 9) / 10 * 10;

    byte b = ee.readByte(memoryAddress);
    for (int i = 0; i < length; i++)
    {
        if (memoryAddress % 10 == 0)
        {
            SERIAL_OUT.println();
            SERIAL_OUT.print(memoryAddress);
            SERIAL_OUT.print(":\t");
        }
        SERIAL_OUT.print(b);
        b = ee.readByte(++memoryAddress);
        SERIAL_OUT.print("   ");
    }
    SERIAL_OUT.println();
}
// END OF FILE
```

程式下載：https://github.com/brucetsao/arduino_Programming_Trick

圖 32 I²C 電子式可擦拭唯讀記憶體測試程式執行畫面

安裝溫濕度與 RTC 時鐘模組

我們加入 DHT22 溫溼度模組(曹永忠, 2016d, 2016e; 曹永忠, 許智誠, & 蔡英德, 2015k, 2015l, 2016c, 2016e, 2016j, 2016l)，讓實驗可以取得溫溼度資訊。

再來我們加入 RTC 1307 時鐘模組(曹永忠, 2016a, 2016d, 2016e, 2016f; 曹永忠, 吳佳駿, 許智誠, & 蔡英德, 2016a, 2016b, 2017a, 2017b; 曹永忠, 許智誠, & 蔡英德, 2016a, 2016b; 曹永忠, 許智誠, et al., 2016c; 曹永忠, 許智誠, & 蔡英德, 2016d; 曹永忠, 許智誠, et al., 2016e; 曹永忠, 許智誠, & 蔡英德, 2016f; 曹永忠, 許智誠, et al., 2016i, 2016k)，讓整個裝置可以保持正確時間後，才能將感測資料正確儲存起來。

首先，我們將上述兩個元件，如下圖所示進行電路連接，如果還不了解，可以參考下表，進行電路連接。

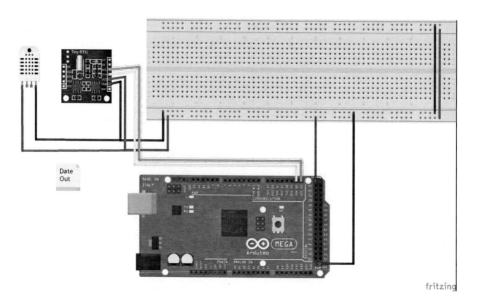

圖 1 安裝 RTC 時鐘模組

　　由於時間因素對本設計是一個非常重要的因素，由於 Arduino UNO 開發板並沒有內置時間模組，所以我們加入 RTC 時鐘模組。所以增加下表之接腳表，讓讀者更加了解。

表 30 RTC 時鐘模組接腳表(累加接腳表)

DHT22	開發板接腳	解說
VCC	5V Pin	5V 陽極接點
GND	Gnd Pin	共地接點
DAT	Digital Pin 8(D8)	感測資料輸出

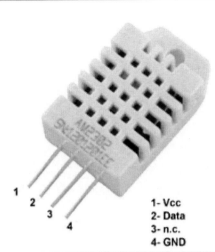

1- Vcc
2- Data
3- n.c.
4- GND

RTC 時鐘模組	開發板接腳	解說
VCC	5V Pin	5V 陽極接點
GND	Gnd Pin	共地接點
SCL	I2C_SCL(A5/SCL)	I2C SCL 接腳
SDA	I2C_SDA(A4/SDA)	I2C SDA 接腳

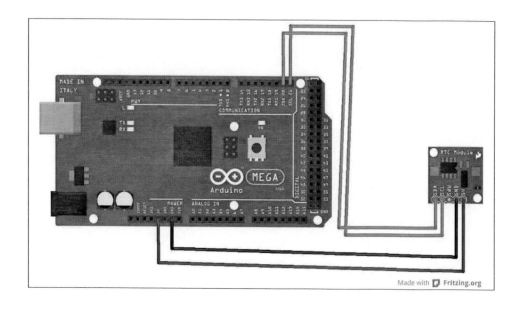

RTC 時鐘模組測試

在完成上圖所示之時鐘模組之電路連接之後,我們進行下表所示之 RTC 1307 時鐘模組測試程式一,進行時鐘模組測試程式的攥寫與測試,可以得到如下圖所示之執行畫面,我們可以得到目前日期與時間的資料。

表 31 RTC 1307 時鐘模組測試程式一

RTC DS1307 時鐘模組測試程式一 (SetTimeforDS1307)

```
// Date and time functions using a DS1307 RTC connected via I2C and Wire lib
#include <Wire.h>
#include "RTClib.h"

RTC_DS1307 rtc;

char daysOfTheWeek[7][12] = {"Sunday", "Monday", "Tuesday", "Wednesday",
"Thursday", "Friday", "Saturday"};

void setup () {
```

```
  Serial.begin(9600);
  if (! rtc.begin()) {
    Serial.println("Couldn't find RTC Modules");
    while (1);
  }

  if (! rtc.isrunning()) {
    Serial.println("RTC is NOT running!");
    // following line sets the RTC to the date & time this sketch was compiled
    rtc.adjust(DateTime(F(__DATE__), F(__TIME__)));
    // This line sets the RTC with an explicit date & time, for example to set
    // January 21, 2014 at 3am you would call:
    // rtc.adjust(DateTime(2014, 1, 21, 3, 0, 0));
  }
}

void loop () {
    DateTime now = rtc.now();

    Serial.print(now.year(), DEC);
    Serial.print('/');
    Serial.print(now.month(), DEC);
    Serial.print('/');
    Serial.print(now.day(), DEC);
    Serial.print(" (");
    Serial.print(daysOfTheWeek[now.dayOfTheWeek()]);
    Serial.print(") ");
    Serial.print(now.hour(), DEC);
    Serial.print(':');
    Serial.print(now.minute(), DEC);
    Serial.print(':');
    Serial.print(now.second(), DEC);
    Serial.println();

    Serial.print(" since midnight 1/1/1970 = ");
    Serial.print(now.unixtime());
    Serial.print("s = ");
```

RTC DS1307 時鐘模組測試程式一 (SetTimeforDS1307)

```
Serial.print(now.unixtime() / 86400L);
Serial.println("d");

// calculate a date which is 7 days and 30 seconds into the future
DateTime future (now + TimeSpan(7,12,30,6));

Serial.print(" now + 7d + 30s: ");
Serial.print(future.year(), DEC);
Serial.print('/');
Serial.print(future.month(), DEC);
Serial.print('/');
Serial.print(future.day(), DEC);
Serial.print(' ');
Serial.print(future.hour(), DEC);
Serial.print(':');
Serial.print(future.minute(), DEC);
Serial.print(':');
Serial.print(future.second(), DEC);
Serial.println();

Serial.println();
delay(1000);
}
```

程式下載：https://github.com/brucetsao/arduino_Programming_Trick

　　由上述程式 Arduino 開發板就可以做到讀取時間，並且透過該時間模組可以達到儲存目前時間並且可以自動達到時鐘的功能(就是 Arduoino 停電休息時，時間仍然會繼續計算且不失誤)，對於工業上的應用，可以說是更加完備，因為企業不營業時，所有設備是關機不用的，但是營業時，所有設備開機時，不需要再次重新設定時間。

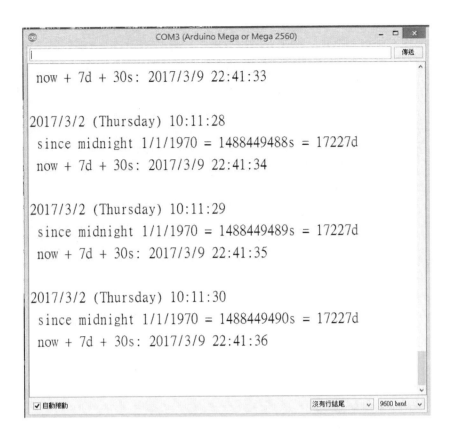

圖 33 RTC DS1307 時鐘模組測試程式一執行畫面

在完成時鐘模組之電路連接之後，我們進行下表所示之 RTC 1307 時鐘模組測試程式二，進行時鐘模組測試程式的攥寫與測試，可以得到如下圖所示之執行畫面，我們可以得到目前日期與時間的資料。

表 32 RTC 1307 時鐘模組測試程式二

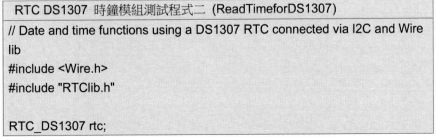

RTC DS1307 時鐘模組測試程式二 (ReadTimeforDS1307)
// Date and time functions using a DS1307 RTC connected via I2C and Wire lib #include <Wire.h> #include "RTClib.h" RTC_DS1307 rtc;

```
char daysOfTheWeek[7][12] = {"Sunday", "Monday", "Tuesday", "Wednes-
day", "Thursday", "Friday", "Saturday"};

void setup () {

  Serial.begin(9600);
  if (! rtc.begin()) {
    Serial.println("Couldn't find RTC Modules");
    while (1);
  }

  if (! rtc.isrunning()) {
    Serial.println("RTC is NOT running!");
    // following line sets the RTC to the date & time this sketch was compiled
  }
}

void loop () {
    DateTime now = rtc.now();

    Serial.print(now.year(), DEC);
    Serial.print('/');
    Serial.print(now.month(), DEC);
    Serial.print('/');
    Serial.print(now.day(), DEC);
    Serial.print(" (");
    Serial.print(daysOfTheWeek[now.dayOfTheWeek()]);
    Serial.print(") ");
    Serial.print(now.hour(), DEC);
    Serial.print(':');
    Serial.print(now.minute(), DEC);
    Serial.print(':');
    Serial.print(now.second(), DEC);
    Serial.println();

    Serial.print(" since midnight 1/1/1970 = ");
    Serial.print(now.unixtime());
```

程式下載：https://github.com/brucetsao/arduino_Programming_Trick

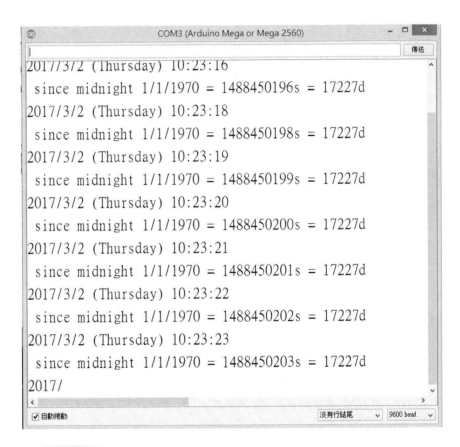

圖 34 RTC DS1307 時鐘模組測試程式二執行畫面

溫溼度模組測試

在完成上述所示之 DHT22 溫溼度感測模組之電路連接之後，我們進行下表所

示之 DHT22 溫溼度模組測試程式一，進行 DHT22 溫溼度感測模組測試程式的攥寫

與測試，可以得到如下圖所示之執行畫面，我們可以得到目前溫度與溼度的資料。

表 33 DHT22 溫溼度模組測試程式一

DHT22 溫溼度模組測試程式一(ReadDhT22)

```
#include <DHT22.h>
// Only used for sprintf
#include <stdio.h>

// Data wire is plugged into port 7 on the Arduino
// Connect a 4.7K resistor between VCC and the data pin (strong pullup)
#define DHT22_PIN 8

// Setup a DHT22 instance
DHT22 myDHT22(DHT22_PIN);

void setup(void)
{
    // start serial port
    Serial.begin(9600);
    Serial.println("DHT22 Library Demo");
}

void loop(void)
{
    DHT22_ERROR_t errorCode;

    // The sensor can only be read from every 1-2s, and requires a minimum
    // 2s warm-up after power-on.
    delay(2000);

    Serial.print("Requesting data...");
    errorCode = myDHT22.readData();
    switch(errorCode)
    {
      case DHT_ERROR_NONE:
        Serial.print("Got Data ");
```

```
      Serial.print(myDHT22.getTemperatureC());
      Serial.print("C ");
      Serial.print(myDHT22.getHumidity());
      Serial.println("%");
      // Alternately, with integer formatting which is clumsier but more compact
to store and
      // can be compared reliably for equality:
      //
      char buf[128];
      sprintf(buf, "Integer-only reading: Temperature %hi.%01hi C, \n Humidity
%i.%01i %% RH",
                      myDHT22.getTemperatureCInt()/10,
abs(myDHT22.getTemperatureCInt()%10),
                      myDHT22.getHumidityInt()/10,
myDHT22.getHumidityInt()%10);
      Serial.println(buf);
      break;
    case DHT_ERROR_CHECKSUM:
      Serial.print("check sum error ");
      Serial.print(myDHT22.getTemperatureC());
      Serial.print("C ");
      Serial.print(myDHT22.getHumidity());
      Serial.println("%");
      break;
    case DHT_BUS_HUNG:
      Serial.println("BUS Hung ");
      break;
    case DHT_ERROR_NOT_PRESENT:
      Serial.println("Not Present ");
      break;
    case DHT_ERROR_ACK_TOO_LONG:
      Serial.println("ACK time out ");
      break;
    case DHT_ERROR_SYNC_TIMEOUT:
      Serial.println("Sync Timeout ");
      break;
    case DHT_ERROR_DATA_TIMEOUT:
      Serial.println("Data Timeout ");
```

DHT22 溫溼度模組測試程式一(ReadDhT22)

break;
  case DHT_ERROR_TOOQUICK:
    Serial.println("Polled to quick ");
    break;
  }
}

程式下載：https://github.com/brucetsao/arduino_Programming_Trick

由上述程式 Arduino 開發板就可以做到讀取 DHT22 溫溼度感測模組之目前溫度與溼度的資料。

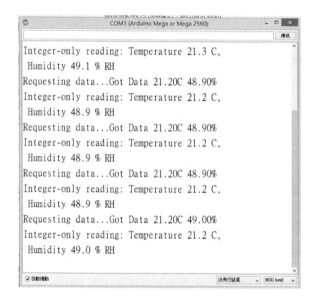

圖 35 溫溼度模組測試程式一執行畫面

整合時間讀取溫濕度資料

我們攥寫一段程式，如下表所示之整合時間讀取溫濕度資料測試程式，將程式編譯完成後，上傳到開發板進行測試。

表 34 整合時間讀取溫濕度資料測試程式

整合時間讀取溫濕度資料測試程式(ReadTimewithDHT22)

```
// Date and time functions using a DS1307 RTC connected via I2C and Wire lib
#include <Wire.h>
#include <String.h>
#include "RTClib.h"
#include <DHT22.h>


// Data wire is plugged into port 8 on the Arduino
// Connect a 4.7K resistor between VCC and the data pin (strong pullup)
#define DHT22_PIN 8

char daysOfTheWeek[7][12] = {"Sunday", "Monday", "Tuesday", "Wednesday", "Thurs-
day", "Friday", "Saturday"};
RTC_DS1307 rtc;
DHT22 myDHT22(DHT22_PIN);
double TemperatureValue = 0 ;
double HumidityValue = 0 ;
String DD,TT ;
DateTime nowT ;
void setup () {

  Serial.begin(9600);
  Serial.println("DHT22 Integrated with RTC");
  if (! rtc.begin()) {
    Serial.println("Couldn't find RTC Modules");
    while (1);
  }
   nowT = rtc.now();
}

void loop ()
{
    DD=   GetDate(rtc.now()) ;
    TT=   GetTime(rtc.now()) ;
    if (GetDHT22(&TemperatureValue,&HumidityValue) )
```

```
            {
                Serial.print(DD) ;
                Serial.print("-") ;
                Serial.print(TT) ;
                Serial.print("  /  ") ;
                Serial.print("Temperature = " ) ;
                Serial.print(TemperatureValue ) ;
                Serial.print("  and   " ) ;
                Serial.print("Humidity = " ) ;
                Serial.print(HumidityValue ) ;
                Serial.print("\n" ) ;


            }

    delay(10000);

}
boolean GetDHT22(double *t , double *h)
{
    boolean ret = false ;
      DHT22_ERROR_t errorCode;
    errorCode = myDHT22.readData();
    switch(errorCode)
    {
      case DHT_ERROR_NONE:
        *t = myDHT22.getTemperatureC() ;
        *h = myDHT22.getHumidity() ;
        ret = true ;
        break;

        default:
        *t = 0 ;
        *h = 0 ;
        ret = false ;
          break;
    }
    return ret ;
}
```

```
String GetDate(DateTime dd)
{
        return (print4digits(dd.year())+"/"+ print2digits(dd.month())+"/"+
print2digits(dd.day()) );
}


String GetTime(DateTime dd)
{
        return (print2digits(dd.hour())+":"+ print2digits(dd.minute())+":"+
print2digits(dd.second())) ;
}




/// -----
String   print2HEX(int number) {
   String ttt ;
   if (number >= 0 && number < 16)
   {
      ttt = String("0") + String(number, HEX);
   }
   else
   {
      ttt = String(number, HEX);
   }
   return ttt ;
}
String   print2digits(int number) {
   String ttt ;
   if (number >= 0 && number < 10)
   {
      ttt = String("0") + String(number);
   }
   else
   {
      ttt = String(number);
   }
   return ttt ;
}
```

```
String    print4digits(int number) {
  String ttt ;
  ttt = String(number);
  return ttt ;
}
```

程式下載：https://github.com/brucetsao/arduino Programming Trick

當然、如下圖所示，我們可以看到整合時間讀取溫濕度資料測試程式結果畫面，。

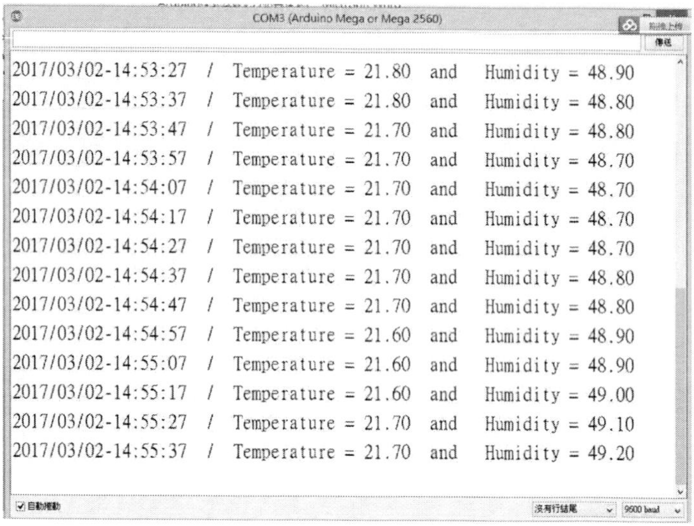

圖 36 整合時間讀取溫濕度資料測試程式結果畫面

EEPROM 儲存整數、浮點數之技巧

Arduino 板子上的單晶片都內建了 EEPROM，但是 Arduino 提供的 EEPROM Library 只能夠讀寫取位元組，對於本文仍嫌不夠，所以我們在 Arduino 官網：Arduino EEPROMex library，網址：http://playground.arduino.cc/Code/EEPROMex，可以看到 Thijs Elenbaas 的 github 網站：https://github.com/thijse，分享著 EEPROMex library ，其網

- 106 -

址：https://github.com/thijse/Arduino-EEPROMEx ，讀者可以下去載，或讀者有空可以到作者的 Github 網站(https://github.com/brucetsao)，可以在 Github 網址：https://github.com/brucetsao/LIB_for_MCU/tree/master/Arduino_Lib/libraries ，下載該 EEPROMex 函式庫（library），在參考本書進行 Arduino 開發板的函式庫安裝(曹永忠, 2016e)。

我們攢寫一段程式，如下表所示之 EEPROMex 測試程式，將程式編譯完成後，上傳到開發板進行測試。

表 35　EEPROMex 測試程式

EEPROMex 測試程式(EEPROMEx)
| ```
/*
 * EEPROMEx
 *
 * Demonstrates reading, writing and updating data in the EEPROM
 * to the computer.
 * This example code is in the public domain.
 */

#include <EEPROMex.h>

#include "Arduino.h"
void issuedAdresses();
void readAndWriteByte();
void readAndWriteInt();
void readAndWriteLong();
void readAndWriteFloat();
void updateAndReadDouble();
void writeAndReadCharArray();
void writeAndReadByteArray();
void waitUntilReady();
void errorChecking(int adress);
void setup();
void loop();
const int maxAllowedWrites = 80;
const int memBase          = 350;
``` |
```

```
int addressByte;
int addressInt;
int addressLong;
int addressFloat;
int addressDouble;
int addressByteArray;
int addressCharArray;


void issuedAdresses() {
    Serial.println("----------------------------------");
    Serial.println("Following adresses have been issued");
    Serial.println("----------------------------------");

    Serial.println("adress \t\t size");
    Serial.print(addressByte);          Serial.print(" \t\t "); Seri-
al.print(sizeof(byte)); Serial.println(" (byte)");
    Serial.print(addressInt);           Serial.print(" \t\t "); Serial.print(sizeof(int));
Serial.println(" (int)");
    Serial.print(addressLong);          Serial.print(" \t\t "); Seri-
al.print(sizeof(long)); Serial.println(" (long)");
    Serial.print(addressFloat);         Serial.print(" \t\t "); Seri-
al.print(sizeof(float)); Serial.println(" (float)");
    Serial.print(addressDouble);        Serial.print(" \t\t "); Seri-
al.print(sizeof(double));   Serial.println(" (double)");
    Serial.print(addressByteArray); Serial.print(" \t\t "); Seri-
al.print(sizeof(byte)*7); Serial.println(" (array of 7 bytes)");
    Serial.print(addressCharArray); Serial.print(" \t\t "); Seri-
al.print(sizeof(char)*7); Serial.println(" (array of 7 chars)");
}

// Test reading and writing byte to EEPROM
void readAndWriteByte() {
    Serial.println("--------------------------");
    Serial.println("storing and retreiving byte");
    Serial.println("--------------------------");

    byte input  = 120;
    byte output = 0;
```

```
        EEPROM.write(addressByte,input);     // same function as writeByte
        output = EEPROM.read(addressByte); // same function as readByte


    Serial.print("adress: ");
    Serial.println(addressByte);
    Serial.print("input: ");
    Serial.println(input);
    Serial.print("output: ");
    Serial.println(output);
    Serial.println("");


}

// Test reading and writing int to EEPROM
void readAndWriteInt() {
    Serial.println("-------------------------");
    Serial.println("writing and retreiving int");
    Serial.println("-------------------------");

    int input   = 30000;
    int output = 0;
    EEPROM.writeInt(addressInt,input);
    output = EEPROM.readInt(addressInt);

    Serial.print("adress: ");
    Serial.println(addressInt);
    Serial.print("input: ");
    Serial.println(input);
    Serial.print("output: ");
    Serial.println(output);
    Serial.println("");
}

// Test reading and writing long to EEPROM
void readAndWriteLong() {
    Serial.println("---------------------------");
    Serial.println("writing and retreiving Long");
    Serial.println("---------------------------");
```

```
    long input   = 200000000;
    long output = 0;
    EEPROM.writeLong(addressLong,input);
    output = EEPROM.readLong(addressLong);

    Serial.print("adress: ");
    Serial.println(addressLong);
    Serial.print("input: ");
    Serial.println(input);
    Serial.print("output: ");
    Serial.println(output);
    Serial.println("");
}

// Test reading and writing float to EEPROM
void readAndWriteFloat() {
    Serial.println("---------------------------");
    Serial.println("writing and retreiving float");
    Serial.println("---------------------------");

    double input   = 1010102.50;
    double output = 0.0;
    EEPROM.writeFloat(addressFloat,input);
    output = EEPROM.readFloat(addressFloat);

    Serial.print("adress: ");
    Serial.println(addressFloat);
    Serial.print("input: ");
    Serial.println(input);
    Serial.print("output: ");
    Serial.println(output);
    Serial.println("");
}

// Test reading and updating double to EEPROM
void updateAndReadDouble() {
    Serial.println("---------------------------");
    Serial.println("updating and retreiving double");
    Serial.println("---------------------------");
```

```
        double input   = 1000002.50;
        double output = 0.0;
        EEPROM.updateDouble(addressDouble,input);
        output = EEPROM.readDouble(addressDouble);

        Serial.print("adress: ");
        Serial.println(addressDouble);
        Serial.print("input: ");
        Serial.println(input);
        Serial.print("output: ");
        Serial.println(output);
        Serial.println("");
}

// Test reading and updating a string (char array) to EEPROM
void writeAndReadCharArray() {
        Serial.println("-------------------------------");
        Serial.println("writing and reading a char array");
        Serial.println("-------------------------------");

        char input[] = "Arduino";
        char output[] = "        ";

        EEPROM.writeBlock<char>(addressCharArray, input, 7);
        EEPROM.readBlock<char>(addressCharArray, output, 7);

        Serial.print("adress: ");
        Serial.println(addressCharArray);
        Serial.print("input: ");
        Serial.println(input);
        Serial.print("output: ");
        Serial.println(output);
        Serial.println("");
}

void writeAndReadByteArray() {

        Serial.println("-------------------------------");
```

```
        Serial.println("updating and reading a byte array");
        Serial.println("-------------------------------");

        int itemsInArray = 7;
        byte initial[] = {1, 0, 4, 0, 16, 0 , 64 };
        byte input[]    = {1, 2, 4, 8, 16, 32, 64 };
        byte output[sizeof(input)];

        EEPROM.writeBlock<byte>(addressByteArray, initial, itemsInArray);
        int writtenBytes = EEPROM.updateBlock<byte>(addressByteArray, input,
itemsInArray);
        EEPROM.readBlock<byte>(addressByteArray, output, itemsInArray);

        Serial.print("input: ");
        for(int i=0;i<itemsInArray;i++) { Serial.print(input[i]); }
        Serial.println("");

        Serial.print("output: ");
        for(int i=0;i<itemsInArray;i++) { Serial.print(output[i]); }
        Serial.println("");

        Serial.print("Total of written bytes by update: ");
        Serial.println(writtenBytes);
        Serial.println("");
}

// Check how much time until EEPROM ready to be accessed
void waitUntilReady() {
        Serial.println("-------------------------------------------------");
        Serial.println("Check how much time until EEPROM ready to be ac-
cessed");
        Serial.println("-------------------------------------------------");
        int startMillis;
        int endMillis;
        int waitMillis;

        // Write byte..
        startMillis = millis();
        EEPROM.writeByte(addressByte,16);
```

```
endMillis = millis();
// .. and wait for ready
waitMillis = 0;
while (!EEPROM.isReady()) { delay(1); waitMillis++; }

Serial.print("Time to write 1 byte   (ms)                    : ");
Serial.println(endMillis-startMillis);
Serial.print("Recovery time after writing byte (ms)          : ");
Serial.println(waitMillis);

// Write long ..
startMillis = millis();
EEPROM.writeLong(addressLong,106);
endMillis = millis();
// .. and wait for ready
waitMillis = 0;
while (!EEPROM.isReady()) { delay(1); waitMillis++; }
Serial.print("Time to write Long (4 bytes) (ms)              : ");
Serial.println(endMillis-startMillis);
Serial.print("Recovery time after writing long (ms)          : ");
Serial.println(waitMillis);

// Read long ..
startMillis = millis();
EEPROM.readLong(addressLong);
endMillis = millis();
// .. and wait for ready
waitMillis = 0;
while (!EEPROM.isReady()) { delay(1); waitMillis++; }
Serial.print("Time to read Long (4 bytes) (ms)               : ");
Serial.println(endMillis-startMillis);
Serial.print("Recovery time after reading long (ms)          : ");
Serial.println(waitMillis);

// Write times arrays
int itemsInArray = 7;
byte array7[]    = {64, 32, 16, 8 , 4 , 2 , 1 };
byte arraydif7[] = {1 , 2 , 4 , 8 , 16, 32, 64};
byte arrayDif3[] = {1 , 0 , 4 , 0 , 16, 0 , 64};
```

```
    byte output[sizeof(array7)];

    // Time to write 7 byte array
    startMillis = millis();
    EEPROM.writeBlock<byte>(addressByteArray, array7, itemsInArray);
    endMillis = millis();
    Serial.print("Time to write 7 byte array   (ms)                    : ");
    Serial.println(endMillis-startMillis);

    // Time to update 7 byte array with 7 new values
    startMillis = millis();
    EEPROM.updateBlock<byte>(addressByteArray, arraydif7, itemsInArray);
    endMillis = millis();
    Serial.print("Time to update 7 byte array with 7 new values (ms): ");
    Serial.println(endMillis-startMillis);

    // Time to update 7 byte array with 3 new values
    startMillis = millis();
    EEPROM.updateBlock<byte>(addressByteArray, arrayDif3, itemsInArray);
    endMillis = millis();
    Serial.print("Time to update 7 byte array with 3 new values (ms): ");
    Serial.println(endMillis-startMillis);

    // Time to read 7 byte array
    startMillis = millis();
    EEPROM.readBlock<byte>(addressByteArray, output, itemsInArray);
    endMillis = millis();
    Serial.print("Time to read 7 byte array (ms)                    : ");
    Serial.println(endMillis-startMillis);
}

// Check if we get errors when writing too much or out of bounds
void errorChecking(int adress) {
    Serial.println("----------------------------------------------------------");
    Serial.println("Check if we get errors when writing too much or out of
bounds");
    Serial.println("----------------------------------------------------------");
    // Be sure that _EEPROMEX_DEBUG is enabled
```

```
        Serial.println("Write outside of EEPROM memory");
        EEPROM.writeLong(EEPROMSizeUno+10,1000);
        Serial.println();

        Serial.println("Trying to exceed number of writes");
        for(int i=1;i<=20; i++)
        {
            if (!EEPROM.writeLong(adress,1000)) { return; }
        }
        Serial.println();
}


void setup()
{
    Serial.begin(9600);
    while (!Serial) {
      ; // wait for serial port to connect. Needed for Leonardo only
    }

    // start reading from position memBase (address 0) of the EEPROM. Set
maximumSize to EEPROMSizeUno
    // Writes before membase or beyond EEPROMSizeUno will only give errors
when _EEPROMEX_DEBUG is set
    EEPROM.setMemPool(memBase, EEPROMSizeUno);

    // Set maximum allowed writes to maxAllowedWrites.
    // More writes will only give errors when _EEPROMEX_DEBUG is set
    EEPROM.setMaxAllowedWrites(maxAllowedWrites);
    delay(100);
    Serial.println("");

    // Always get the adresses first and in the same order
    addressByte       = EEPROM.getAddress(sizeof(byte));
    addressInt        = EEPROM.getAddress(sizeof(int));
    addressLong       = EEPROM.getAddress(sizeof(long));
    addressFloat      = EEPROM.getAddress(sizeof(float));
    addressDouble     = EEPROM.getAddress(sizeof(double));
    addressByteArray = EEPROM.getAddress(sizeof(byte)*7);
```

```
    addressCharArray = EEPROM.getAddress(sizeof(char)*7);

    // Show adresses that have been issued
    issuedAdresses();

    // Read and write different data primitives
    readAndWriteByte();
    readAndWriteInt();
    readAndWriteLong();
    readAndWriteFloat();
    updateAndReadDouble();

    // Read and write different data arrays
    writeAndReadCharArray();
    writeAndReadByteArray();

    // Test EEPROM access time
    waitUntilReady();

    // Test error checking
    errorChecking(addressLong);
}

void loop()
{
    // Nothing to do during loop
}
```

程式下載：https://github.com/brucetsao/arduino_Programming_Trick

當然、如下圖所示，我們可以看到 EEPROMex 測試程式結果畫面，。

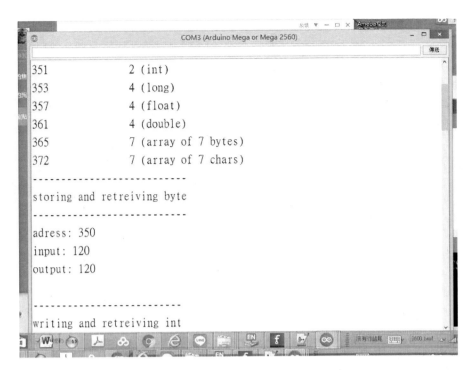

圖 37 EEPROMex 測試程式結果畫面

儲存溫濕度資料到記憶體

　　由上面程式來說，我們已經可以取出資料，並且列印在畫面上，我們知道
Arduino 開發板，大約有 4 K 記憶體，我們可以知道，我們透過 int RecordLength
= ;，取得長度，假設我們只有使用 3.5K 記憶體，所以我們計算最大筆數為：int
MaxRecord = 200 ;。

　　我們一面讀，一面取出資料，所以我們攢寫一段程式，如下表所示之整合時間
讀取溫濕度資料測試程式，將程式編譯完成後，上傳到開發板進行測試。

表 36 儲存溫濕度資料到記憶體測試程式

儲存溫濕度資料到記憶體測試程式(DHT22toMemory)
#include <EEPROM.h>

```cpp
#include <Arduino.h>
#define MemoryStartAddress 100
#define DataStartAddress 120

// Date and time functions using a DS1307 RTC connected via I2C and Wire lib
#include "VarType.h"
#include <Wire.h>
#include <String.h>
#include "RTClib.h"
#include <DHT22.h>



// Data wire is plugged into port 8 on the Arduino
// Connect a 4.7K resistor between VCC and the data pin (strong pullup)
#define DHTPIN 8

char daysOfTheWeek[7][12] = {"Sunday", "Monday", "Tuesday", "Wednesday",
"Thursday", "Friday", "Saturday"};
RTC_DS1307 rtc;
DHT22 myDHT22(DHTPIN);
float TemperatureValue = 0 ;
float HumidityValue = 0 ;
String DD,TT ;

DateTime nowT ;
struct RTCData RTCNow ;
struct DHTData DHT22Data ;
#define RecordLength   9
int RecordNumber = 0 ;
int MaxRecord   = 200 ;
void setup () {
  EEPROM.write(MemoryStartAddress,0x7)   ;
    if (EEPROM.read(MemoryStartAddress) == 0x77)
        {
                // already to use memory
                RecordNumber = EEPROM.read(MemoryStartAddress+4) ;
        }
        else
        {
```

```
            // already to use memory
            EEPROM.write(MemoryStartAddress,0x77) ;
            EEPROM.write(MemoryStartAddress+4,RecordNumber) ;
        }


    Serial.begin(9600);
    Serial.println("DHT22 Integrated with RTC");
    if (! rtc.begin()) {
        Serial.println("Couldn't find RTC Modules");
        while (1);
    }
      nowT = rtc.now();
}

void loop ()
{

    GetDateTime(rtc.now(), &RTCNow) ;

        DD=   GetDateType(RTCNow) ;
        TT=   GetTimeType(RTCNow) ;
        if (GetDHT22Type(&DHT22Data) )
            {

                Serial.print(DD) ;
                Serial.print("-") ;
                Serial.print(TT) ;
                Serial.print("  /  ") ;
                Serial.print("Temperature = " ) ;
                Serial.print(DHT22Data.Temperature ) ;
                Serial.print("  and    " ) ;
                Serial.print("Humidity = " ) ;
                Serial.print(DHT22Data.Humidity ) ;
                Serial.print("\n" ) ;

                Serial.print("Now Write Data into Record:(" ) ;
                Seri-
al.print(WrireDHTDatatoMemory(RecordNumber,RTCNow,DHT22Data) );
```

```
                Serial.print(")\n" ) ;
                RecordNumber ++ ;


           }
        if (RecordNumber >= MaxRecord)
              {
                    RecordNumber = 0 ;
                    EEPROM.write(MemoryStartAddress+4,RecordNumber) ;
              }

   delay(10000);

}
int WrireDHTDatatoMemory(int rec, struct RTCData DT,struct DHTData th)
{
      int pos =  DataStartAddress +  RecordNumber * RecordLength ;
      EEPROM.write(pos,(int)(DT.Year/100));
      EEPROM.write(pos+1,(int)(DT.Year%100));
      EEPROM.write(pos+2,(int)DT.Month);
      EEPROM.write(pos+3,(int)DT.Day);
      EEPROM.write(pos+4,(int)DT.Hour);
      EEPROM.write(pos+5,(int)DT.Minute);
      EEPROM.write(pos+6,(int)DT.Second);
      EEPROM.write(pos+7,(int)th.Temperature);
      EEPROM.write(pos+8,(int)th.Humidity);
      EEPROM.write(MemoryStartAddress+4,RecordNumber) ;
      Serial.print(EEPROM.read(pos)) ;
      Serial.print("/") ;
      Serial.print(EEPROM.read(pos+1 )) ;
      Serial.print("/") ;
      Serial.print(EEPROM.read(pos+2)) ;
      Serial.print("/") ;
      Serial.print(EEPROM.read(pos+3)) ;
      Serial.print("/") ;
      Serial.print(EEPROM.read(pos+4)) ;
      Serial.print("/") ;
      Serial.print(EEPROM.read(pos+5)) ;
      Serial.print("/") ;
      Serial.print(EEPROM.read(pos+6)) ;
```

```
        Serial.print("/") ;
        Serial.print(EEPROM.read(pos+7)) ;
        Serial.print("/") ;
        Serial.print(EEPROM.read(pos+8)) ;
        Serial.print("/:") ;
        Serial.print(EEPROM.read(MemoryStartAddress+4)) ;
        Serial.print("/") ;

      return rec ;

}

boolean GetDHT22Type(struct DHTData *th)
{
    boolean ret = false ;
        DHT22_ERROR_t errorCode;
    errorCode = myDHT22.readData();
    switch(errorCode)
    {
      case DHT_ERROR_NONE:
        th->Temperature = myDHT22.getTemperatureC() ;
        th->Humidity = myDHT22.getHumidity() ;
        ret = true ;
        break;

        default:
        th->Temperature = 0 ;
        th->Humidity = 0 ;
        ret = false ;
          break;
    }
    return ret ;
}


boolean GetDHT22(double *t , double *h)
{
    boolean ret = false ;
        DHT22_ERROR_t errorCode;
```

```
    errorCode = myDHT22.readData();
    switch(errorCode)
    {
      case DHT_ERROR_NONE:
        *t = myDHT22.getTemperatureC() ;
        *h = myDHT22.getHumidity() ;
        ret = true ;
        break;

        default:
        *t = 0 ;
        *h = 0 ;
        ret = false ;
          break;
    }
    return ret ;
}

void GetDateTime(DateTime dd , struct RTCData *DT)
{
  /*
  Serial.print(dd.year()) ;
  Serial.print("/") ;
  Serial.print(dd.month()) ;
  Serial.print("/") ;
  Serial.print(dd.day()) ;
  Serial.print("/") ;
  Serial.print(dd.hour()) ;
  Serial.print("/") ;
  Serial.print(dd.minute()) ;
  Serial.print("/") ;
  Serial.print(dd.second()) ;
  Serial.print("/\n") ;
  */
    DT->Year = dd.year() ;
    DT->Month = dd.month() ;
    DT->Day = dd.day() ;
    DT->Hour = dd.hour() ;
    DT->Minute = dd.minute() ;
```

```
    DT->Second = dd.second() ;
  /*
  Serial.print(DT.Year) ;
  Serial.print("/") ;
  Serial.print(DT.Month) ;
  Serial.print("/") ;
  Serial.print(DT.Day) ;
  Serial.print("/") ;
  Serial.print(DT.Hour) ;
  Serial.print("/") ;
  Serial.print(DT.Minute) ;
  Serial.print("/") ;
  Serial.print(DT.Second) ;
  Serial.print("/====\n") ;
    */
}


String GetDateType(struct RTCData DT)
{
        return (print4digits(DT.Year)+"/"+ print2digits(DT.Month)+"/"+
print2digits(DT.Day) );
}



String GetDate(DateTime dd)
{
        return (print4digits(dd.year())+"/"+ print2digits(dd.month())+"/"+
print2digits(dd.day()) );
}
String GetTimeType(struct RTCData DT)
{
        return (print2digits(DT.Hour)+":"+ print2digits(DT.Minute)+":"+
print2digits(DT.Second)) ;
}



String GetTime(DateTime dd)
{
        return (print2digits(dd.hour())+":"+ print2digits(dd.minute())+":"+
```

```
print2digits(dd.second())) ;
}




/// -----
String   print2HEX(int number) {
   String ttt ;
   if (number >= 0 && number < 16)
   {
      ttt = String("0") + String(number, HEX);
   }
   else
   {
      ttt = String(number, HEX);
   }
   return ttt ;
}
String   print2digits(int number) {
   String ttt ;
   if (number >= 0 && number < 10)
   {
      ttt = String("0") + String(number);
   }
   else
   {
      ttt = String(number);
   }
   return ttt ;
}

String   print4digits(int number) {
   String ttt ;
   ttt = String(number);
   return ttt ;
}
```

表 37 儲存溫濕度資料到記憶體測試程式(include)

儲存溫濕度資料到記憶體測試程式(include)(VarType.h)

struct DHTData
{
  float Temperature ;
  float Humidity ;
} dht11, dht22 ;
 	
struct RTCData
{
  int Year ;
  int Month ;
  int Day ;
  int Hour ;
  int Minute ;
  int Second ;
} ds1307, ds3223 ;

程式下載：https://github.com/brucetsao/arduino_Programming_Trick

當然、如下圖所示，我們可以看到儲存溫濕度資料到記憶體測試程式結果畫面，。

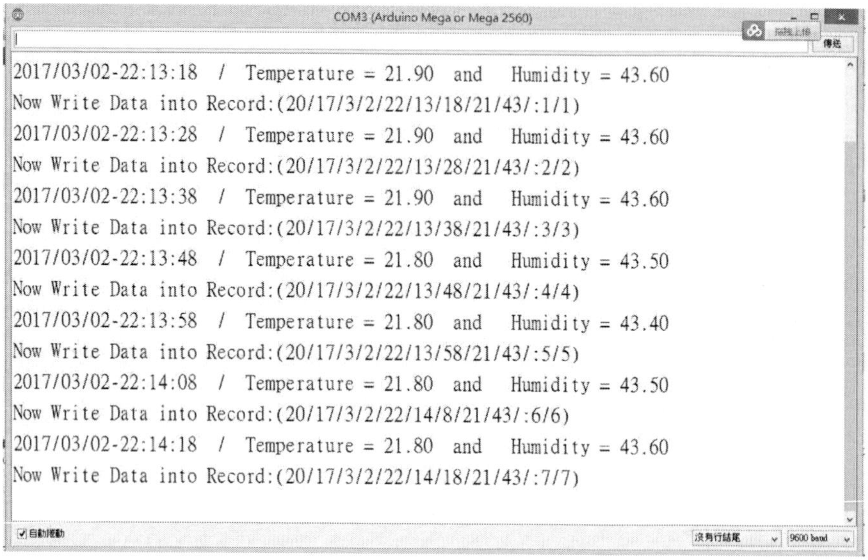

圖 38 儲存溫濕度資料到記憶體測試程式結果畫面

顯示記憶體之溫濕度資料

我們攥寫一段程式，如下表所示之顯示記憶體之溫濕度資料，將程式編譯完成後，上傳到開發板進行測試。

表 38 顯示記憶體之溫濕度資料測試程式

顯示記憶體之溫濕度資料測試程式(DHT22toMemory)

``
#include <EEPROM.h>
#include <Arduino.h>
#define MemoryStartAddress 100
#define DataStartAddress 120
 	
// Date and time functions using a DS1307 RTC connected via I2C and Wire lib
#include "VarType.h"
#include <Wire.h>
#include <String.h>
 	
String DD,TT ;
``

- 126 -

```
struct RTCData RTCNow ;
struct DHTData DHT22Data ;
#define RecordLength    9
int RecordNumber = 0 ;
int MaxRecord    = 200 ;
void setup () {
    if (EEPROM.read(MemoryStartAddress) != 0x77)
        {
                // already to use memory
                Serial.println("NO Data Found") ;
            while(1) ;
        }
        else
        {
                // already to use memory
                RecordNumber = EEPROM.read(MemoryStartAddress+4) ;

        }


    Serial.begin(9600);
    Serial.println("Read DHT22 Sensor Data from Memory");
    ShowMemory() ;
}

void loop ()
{

}
void ShowMemory()
{
        for (int i = 0 ; i <= RecordNumber ; i++)
            {
                    Serial.print("Record:(" ) ;
                    Serial.print(i);
                    Serial.print(")" ) ;
                    ReadDHTDatafromMemory(i,&RTCNow,&DHT22Data) ;
                        DD=   GetDateType(RTCNow) ;
                        TT=   GetTimeType(RTCNow) ;
                        Serial.print(DD) ;
```

```
                        Serial.print("-") ;
                        Serial.print(TT) ;
                        Serial.print("  /  ") ;
                        Serial.print("Temperature = " ) ;
                        Serial.print(DHT22Data.Temperature ) ;
                        Serial.print("  and    " ) ;
                        Serial.print("Humidity = " ) ;
                        Serial.print(DHT22Data.Humidity ) ;
                        Serial.print("\n" ) ;
            }
}
int ReadDHTDatafromMemory(int rec, struct RTCData *DT,struct DHTData *th)
{
      int pos =   DataStartAddress +   rec * RecordLength ;
      DT->Year = EEPROM.read(pos)* 100+EEPROM.read(pos+1) ;
      DT->Month = EEPROM.read(pos+2);
      DT->Day = EEPROM.read(pos+3);
      DT->Hour = EEPROM.read(pos+4);
      DT->Minute = EEPROM.read(pos+5);
      DT->Second = EEPROM.read(pos+6);
      th->Temperature = EEPROM.read(pos+7);
      th->Humidity = EEPROM.read(pos+8);
      return rec ;


}


String GetDateType(struct RTCData DT)
{
      return (print4digits(DT.Year)+"/"+ print2digits(DT.Month)+"/"+
print2digits(DT.Day) );
}

String GetTimeType(struct RTCData DT)
{
      return (print2digits(DT.Hour)+":"+ print2digits(DT.Minute)+":"+
print2digits(DT.Second)) ;
}
```

```
/// -----
String   print2HEX(int number) {
   String ttt ;
   if (number >= 0 && number < 16)
   {
      ttt = String("0") + String(number, HEX);
   }
   else
   {
      ttt = String(number, HEX);
   }
   return ttt ;
}
String   print2digits(int number) {
   String ttt ;
   if (number >= 0 && number < 10)
   {
      ttt = String("0") + String(number);
   }
   else
   {
      ttt = String(number);
   }
   return ttt ;
}

String   print4digits(int number) {
   String ttt ;
   ttt = String(number);
   return ttt ;
}
```

程式下載：https://github.com/brucetsao/arduino_Programming_Trick

表 39 顯示記憶體之溫濕度資料(include)

顯示記憶體之溫濕度資料(include)(VarType.h)

```
struct DHTData
{
  float Temperature ;
  float Humidity ;
} dht11, dht22 ;

struct RTCData
{
  int Year ;
  int Month ;
  int Day ;
  int Hour ;
  int Minute ;
  int Second ;
} ds1307, ds3223 ;
```

程式下載：https://github.com/brucetsao/arduino_Programming_Trick

當然、如下圖所示，我們可以看到顯示記憶體之溫濕度資料結果畫面，。

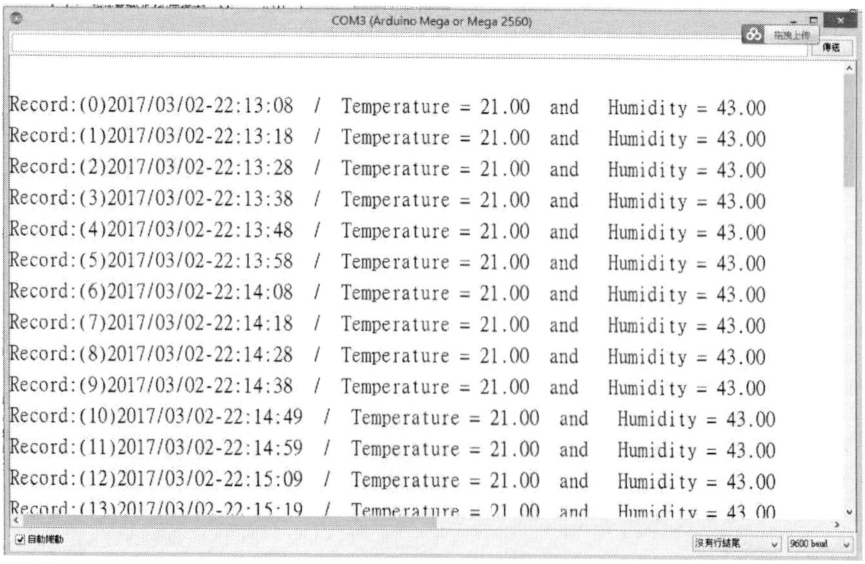

圖 39 顯示記憶體之溫濕度資料結果畫面

儲存感測資料到記憶體的好處

在許多場合，我們並沒有網路環境，也沒有外接記憶卡或傳輸到外部裝置的能力，但是我們可能需要保存感測器資料，這時候本文之大量感測資料內存技巧就派得上用場，雖然目前網際網路隨處都有，但是大量感測資料內存技巧仍存在許多產業界的系統當中。

希望讀者閱讀本文之後，可以學到這個技巧，並可以熟用這個技巧，在往後將會把程式寫得更加穩定，系統更加龐大，複雜與功能強大，但臭蟲(Bugs)會更

章節小結

本文主要介紹之大量感測資料內存技巧方式寫作，在並沒有網路環境，也沒有外接記憶卡或傳輸到外部裝置的能力可以讓系統更加有彈性，透過本文的解說，相信讀者對大量感測資料內存技巧方式寫作方式寫作概念，有更進一步的了解與體認。

本書總結

　　筆者對於 Arduino 相關的書籍，也出版許多書籍，感謝許多有心的讀者提供筆者許多寶貴的意見與建議，筆者群不勝感激，許多讀者希望筆者可以推出更多的入門書籍給更多想要進入『Arduino』、『Maker』這個未來大趨勢，所有才有這個入門系列的產生。

　　本系列叢書的特色是筆者與其他諸位作者群，將多年開發系統的經驗與技巧，運用本書簡易的內容，希望可以讓讀者了解，如何學習這些基本技巧，把這些技巧當為式入門基本功，甚至可以當為鑽寫程式的準則，相信本書的內容對大家是有幫助的。

參考文獻

曹永忠. (2016a). AMEBA 透過網路校時 RTC 時鐘模組. *智慧家庭*. Retrieved from http://makerpro.cc/2016/03/using-ameba-to-develop-a-timing-controlling-device-via-internet/

曹永忠. (2016b). CP 值最高的顏色感應模組:TCS3200 Color Sensor 模組：白平衡篇. *Circuit Cellar 嵌入式科技*(國際中文版 NO.4), 64-75.

曹永忠. (2016c). 【MAKER 系列】程式設計篇－ DEFINE 的運用. *智慧家庭*. Retrieved from http://www.techbang.com/posts/47531-maker-series-program-review-define-the-application-of

曹永忠. (2016d). 智慧家庭：PM2.5 空氣感測器（感測器篇）. *智慧家庭* Retrieved from https://vmaker.tw/archives/3812

曹永忠. (2016e). 智慧家庭：如何安裝各類感測器的函式庫. *智慧家庭*. Retrieved from https://vmaker.tw/archives/3730

曹永忠. (2016f). 智慧家庭實作：ARDUINO 永遠的時間靈魂－RTC 時鐘模組. *智慧家庭*. Retrieved from http://www.techbang.com/posts/40838

曹永忠, 許智誠, & 蔡英德. (2014). *Arduino 光立体魔术方块开发: Using Arduino to Develop a 4* 4 Led Cube based on Persistence of Vision*. 台湾、彰化: 渥瑪數位有限公司.

曹永忠, 吳佳駿, 許智誠, & 蔡英德. (2016a). *Ameba 程式設計(基礎篇):Ameba RTL8195AM IOT Programming (Basic Concept & Tricks)* (初版 ed.). 台湾、彰化: 渥瑪數位有限公司.

曹永忠, 吳佳駿, 許智誠, & 蔡英德. (2016b). *Ameba 程序设计(基础篇):Ameba RTL8195AM IOT Programming (Basic Concept & Tricks)* (初版 ed.). 台湾、彰化: 渥瑪數位有限公司.

曹永忠, 吳佳駿, 許智誠, & 蔡英德. (2017a). *Ameba 程式設計(物聯網基礎篇):An Introduction to Internet of Thing by Using Ameba RTL8195AM* (初版 ed.). 台湾、彰化: 渥瑪數位有限公司.

曹永忠, 吳佳駿, 許智誠, & 蔡英德. (2017b). *Ameba 程序设计(物联网基础篇):An Introduction to Internet of Thing by Using Ameba RTL8195AM* (初版 ed.). 台湾、彰化: 渥瑪數位有限公司.

曹永忠, 吳佳駿, 許智誠, & 蔡英德. (2017c). *Arduino 程式設計教學(技巧篇):Arduino Programming (Writing Style & Skills)* (初版 ed.). 台湾、彰化: 渥瑪數位有限公司.

曹永忠, 許智誠, & 蔡英德. (2014a). *Arduino EM-RFID 门禁管制机设*

計:*Using Arduino to Develop an Entry Access Control Device with EM-RFID Tags*. 台灣、彰化: 渥瑪數位有限公司.

曹永忠, 許智誠, & 蔡英德. (2014b). *Arduino EM-RFID 門禁管制機設計:The Design of an Entry Access Control Device based on EM-RFID Card* (初版 ed.). 台灣、彰化: 渥瑪數位有限公司.

曹永忠, 許智誠, & 蔡英德. (2014c). *Arduino RFID 门禁管制机设计: Using Arduino to Develop an Entry Access Control Device with RFID Tags*. 台灣、彰化: 渥瑪數位有限公司.

曹永忠, 許智誠, & 蔡英德. (2014d). *Arduino RFID 門禁管制機設計: The Design of an Entry Access Control Device based on RFID Technology* (初版 ed.). 台灣、彰化: 渥瑪數位有限公司.

曹永忠, 許智誠, & 蔡英德. (2014e). *Arduino RFID 門禁管制機設計: The Design of an Entry Access Control Device based on RFID Technology*: 渥瑪數位有限公司.

曹永忠, 許智誠, & 蔡英德. (2014f). *Arduino 光立體魔術方塊開發:The Development of a 4 * 4 Led Cube based on Persistence of Vision* (初版 ed.). 台灣、彰化: 渥瑪數位有限公司.

曹永忠, 許智誠, & 蔡英德. (2014g). *Arduino 拉霸游戏机开发: Using Arduino to Develop a Slot Game Machine*: 渥瑪數位有限公司.

曹永忠, 許智誠, & 蔡英德. (2014h). *Arduino 拉霸遊戲機開發: Using Arduino to Develop a Slot Game Machine*: 渥瑪數位有限公司.

曹永忠, 許智誠, & 蔡英德. (2015a). *Arduino 云 物联网系统开发(入门篇):Using Arduino Yun to Develop an Application for Internet of Things (Basic Introduction)* (初版 ed.). 台灣、彰化: 渥瑪數位有限公司.

曹永忠, 許智誠, & 蔡英德. (2015b). *Arduino 手机互动编程设计基础篇:Using Arduino to Develop the Interactive Games with Mobile Phone via the Bluetooth* (初版 ed.). 台灣、彰化: 渥瑪數位有限公司.

曹永忠, 許智誠, & 蔡英德. (2015c). *Arduino 手機互動程式設計基礎篇:Using Arduino to Develop the Interactive Games with Mobile Phone via the Bluetooth* (初版 ed.). 台灣、彰化: 渥瑪數位有限公司.

曹永忠, 許智誠, & 蔡英德. (2015d). *Arduino 程式教學(入門篇):Arduino Programming (Basic Skills & Tricks)* (初版 ed.). 台灣、彰化: 渥瑪數位有限公司.

曹永忠, 許智誠, & 蔡英德. (2015e). *Arduino 程式教學(常用模組篇):Arduino Programming (37 Sensor Modules)* (初版 ed.). 台灣、彰化: 渥瑪數位有限公司.

曹永忠, 許智誠, & 蔡英德. (2015f). *Arduino 程式教學(無線通訊篇):Arduino Programming (Wireless Communication)* (初版 ed.). 台灣、彰化: 渥瑪數位有限公司.

曹永忠, 許智誠, & 蔡英德. (2015g). *Arduino 编程教学(无线通讯篇):Arduino Programming (Wireless Communication)* (初版 ed.). 台灣、彰化: 渥瑪數位有限公司.

曹永忠, 許智誠, & 蔡英德. (2015h). *Arduino 编程教学(常用模块篇):Arduino Programming (37 Sensor Modules)* (初版 ed.). 台湾、彰化: 渥玛数位有限公司.

曹永忠, 許智誠, & 蔡英德. (2015i). *Arduino 雲 物聯網系統開發(入門篇):Using Arduino Yun to Develop an Application for Internet of Things (Basic Introduction)* (初版 ed.). 台湾、彰化: 渥瑪數位有限公司.

曹永忠, 許智誠, & 蔡英德. (2015j). *Arduino 編程教学(入门篇):Arduino Programming (Basic Skills & Tricks)* (初版 ed.). 台湾、彰化: 渥玛数位有限公司.

曹永忠, 許智誠, & 蔡英德. (2015k). Maker 物聯網實作:用 DHx 溫濕度感測模組回傳天氣溫溼度. *物聯網*. Retrieved from http://www.techbang.com/posts/26208-the-internet-of-things-daily-life-how-to-know-the-temperature-and-humidity

曹永忠, 許智誠, & 蔡英德. (2015l). 『物聯網』的生活應用實作：用 DS18B20 溫度感測器偵測天氣溫度. Retrieved from http://www.techbang.com/posts/26208-the-internet-of-things-daily-life-how-to-know-the-temperature-and-humidity

曹永忠, 許智誠, & 蔡英德. (2016a). *Ameba 空气粒子感测装置设计与开发(MQTT 篇):Using Ameba to Develop a PM 2.5 Monitoring Device to MQTT* (初版 ed.). 台湾、彰化: 渥瑪數位有限公司.

曹永忠, 許智誠, & 蔡英德. (2016b). *Ameba 空氣粒子感測裝置設計與開發(MQTT 篇)):Using Ameba to Develop a PM 2.5 Monitoring Device to MQTT* (初版 ed.). 台湾、彰化: 渥瑪數位有限公司.

曹永忠, 許智誠, & 蔡英德. (2016c). *Arduino 空气盒子随身装置设计与开发(随身装置篇): Using Arduino to Develop a Portable PM 2.5 Monitoring Device* (初版 ed.). 台湾、彰化: 渥瑪數位有限公司.

曹永忠, 許智誠, & 蔡英德. (2016d). *Arduino 空气盒子随身装置设计与开发(随身装置篇):Using Arduino to Develop a Timing Controlling Device via Internet* (初版 ed.). 台湾、彰化: 渥瑪數位有限公司.

曹永忠, 許智誠, & 蔡英德. (2016e). *Arduino 空氣盒子隨身裝置設計與開發(隨身裝置篇) : Using Arduino to Develop a Portable PM 2.5 Monitoring Device* (初版 ed.). 台湾、彰化: 渥瑪數位有限公司.

曹永忠, 許智誠, & 蔡英德. (2016f). *Arduino 空氣盒子隨身裝置設計與開發(隨身裝置篇):Using Arduino Nano to Develop a Portable PM 2.5 Monitoring Device* (初版 ed.). 台湾、彰化: 渥瑪數位有限公司.

曹永忠, 許智誠, & 蔡英德. (2016g). *Arduino 投币定时器(网络篇):Using*

Arduino to Develop a Timing Controlling Device via Internet (初版 ed.). 台灣、彰化: 渥瑪數位有限公司.

曹永忠, 許智誠, & 蔡英德. (2016h). *Arduino 投幣計時器(網路篇):Using Arduino to Develop a Timing Controlling Device via Internet* (初版 ed.). 台灣、彰化: 渥瑪數位有限公司.

曹永忠, 許智誠, & 蔡英德. (2016i). *Arduino 程式教學(基本語法篇):Arduino Programming (Language & Syntax)* (初版 ed.). 台灣、彰化: 渥瑪數位有限公司.

曹永忠, 許智誠, & 蔡英德. (2016j). *Arduino 程式教學(溫溼度模組篇):Arduino Programming (Temperature& Humidity Modules)* (初版 ed.). 台灣、彰化: 渥瑪數位有限公司.

曹永忠, 許智誠, & 蔡英德. (2016k). *Arduino 程序教学(基本语法篇):Arduino Programming (Language & Syntax)* (初版 ed.). 台灣、彰化: 渥瑪數位有限公司.

曹永忠, 許智誠, & 蔡英德. (2016l). *Arduino 程序教学(温湿度模块篇):Arduino Programming (Temperature& Humidity Modules)* (初版 ed.). 台灣、彰化: 渥瑪數位有限公司.

曹永忠, 許碩芳, 許智誠, & 蔡英德. (2015a). *Arduino 程式教學(RFID 模組篇):Arduino Programming (RFID Sensors Kit)* (初版 ed.). 台灣、彰化: 渥瑪數位有限公司.

曹永忠, 許碩芳, 許智誠, & 蔡英德. (2015b). *Arduino 編程教学(RFID 模块篇):Arduino Programming (RFID Sensors Kit)* (初版 ed.). 台灣、彰化: 渥瑪數位有限公司.

曹永忠, 郭晉魁, 吳佳駿, 許智誠, & 蔡英德. (2016). MAKER 系列-程式設計篇:多腳位定義的技巧(上篇). *智慧家庭.* Retrieved from http://www.techbang.com/posts/48026-program-review-pin-definition-part-one

曹永忠, 郭晉魁, 吳佳駿, 許智誠, & 蔡英德. (2017a). *Arduino 程序设计教学(技巧篇):Arduino Programming (Writing Style & Skills)* (初版 ed.). 台灣、彰化: 渥瑪數位有限公司.

曹永忠, 郭晉魁, 吳佳駿, 許智誠, & 蔡英德. (2017b). MAKER 系列-程式設計篇:多腳位定義的技巧(下篇). *智慧家庭.*

Arduino 程式設計教學（技巧篇）
Arduino Programming (Writing Style & Skills)

作　　者：曹永忠、郭晉魁、吳佳駿、許智誠、蔡英德

發 行 人：黃振庭

出 版 者：崧燁文化事業有限公司

發 行 者：崧燁文化事業有限公司

E-mail：sonbookservice@gmail.com

粉 絲 頁：https://www.facebook.com/sonbookss/

網　　址：https://sonbook.net/

地　　址：台北市中正區重慶南路一段六十一號八樓 815 室

Rm. 815, 8F., No.61, Sec. 1, Chongqing S. Rd., Zhongzheng Dist., Taipei City 100, Taiwan

電　　話：(02) 2370-3310

傳　　真：(02) 2388-1990

印　　刷：京峯彩色印刷有限公司（京峰數位）

律師顧問：廣華律師事務所 張珮琦律師

國家圖書館出版品預行編目資料

Arduino 程式設計教學 . 技巧篇 = Arduino programming(writing style & skills) / 曹永忠，郭晉魁，吳佳駿，許智誠，蔡英德著 . -- 第一版 . -- 臺北市：崧燁文化事業有限公司 , 2022.03
　　面；　公分
POD 版
ISBN 978-626-332-081-9(平裝)
1.CST: 微電腦 2.CST: 電腦程式語言
471.516　111001399

官網

臉書

定　　價：300 元

發行日期：2022 年 03 月第一版

◎本書以 POD 印製